中国蒙餐美食

主　编　彭文明

副主编　王　政　赵瑞斌

远方出版社

图书在版编目 (CIP) 数据

中国蒙餐美食 / 彭文明主编 . –– 呼和浩特：远方
出版社，2016.12

ISBN 978-7-5555-0821-2

Ⅰ . ①中… Ⅱ . ①彭… Ⅲ . ①蒙古族－饮食－文化－
介绍－中国 Ⅳ . ① TS971.2

中国版本图书馆 CIP 数据核字 (2017) 第 003875 号

中国蒙餐美食
ZHONGGUO MENGCAN MEISHI

主　　编	彭文明
副 主 编	王　政　赵瑞斌
责任编辑	孟繁龙
责任校对	秋　藏
封面设计	高月雅
版式设计	韩　芳
出版发行	远方出版社
社　　址	呼和浩特市乌兰察布东路 666 号　邮编 010010
电　　话	（0471）2236471 总编室　2236460 发行部
经　　销	新华书店
印　　刷	呼和浩特市圣堂彩印有限责任公司
开　　本	170mm×240mm　1/16
字　　数	200 千
印　　张	13.25
版　　次	2016 年 12 月第 1 版
印　　次	2018 年 1 月第 1 次印刷
印　　数	1—2 000 册
标准书号	ISBN 978-7-5555-0821-2
定　　价	65.00 元

如发现印装质量问题，请与出版社联系调换

前言

  中国是文明古国，地域宽广，物产丰富，历史悠久，文化底蕴深厚，千百年来创造出辉煌灿烂的饮食文化，享有"烹饪王国"的美誉。各地由于自然条件、人们的生活习惯、生产力水平差异以及宗教信仰和民族习惯不同，逐渐形成了自己独特的饮食风俗。历史上，中国饮食文化有"四大菜系""八大菜系"之称。如今，新华社、人民日报、光明日报、中国新闻网等20多家国内主流媒体称蒙餐为中国"第九大菜系"。

  本书由内蒙古师范大学、内蒙古财经大学、内蒙古商贸职业学院等学校的专家教授和内蒙古餐饮行业的中国烹饪大师、内蒙古烹饪大师及名师编撰而成。收集和整理了内蒙古东、西部地区具有代表性的菜点品种，分三大模块，为冷菜、热菜、面点。图文并茂，浓缩了我国多种风味菜点的精华，选料考究，讲究美感，注意食物色、香、味、形、器的协调一致；注重营养、食医结合，有"医食同源"和"药膳同功"的说法；注重情趣，名称雅俗共赏，与历史典故、神话传说结合。如今，蒙餐以其自然、淳朴、无污染、健康等特点，迎合了现代人崇尚自然、追求健康、提高生活品质的心理，最终形成博大精深的《中国蒙餐美食》。

  本书在编写过程中参考了四川科学技术出版社出版的《四川名菜》和重庆大学出版社出版的《内蒙古名菜》（彭文明、赵瑞宾主编），可作为行业指导用书供餐饮饭店从业者、饮食爱好者使用。书中关于蒙餐起源、营养价值以及禁忌部分的论述，如有不妥之处，请读者提出宝贵的意见。

  本书的编写得到了相关部门和专家的支持，在此一并予以衷心致谢！

编者
2017 年 12 月

目 录

凉菜篇

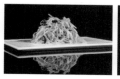    

刺身苦瓜

菜肴简介

　　本菜将原料腌制入味或蘸上调味品直接食用，不需要加热制熟，即生吃。但对原料有严格的要求和限制，不是所有的生料都能刺身。风味独特，制作简便，适合各大宾馆酒店。

菜肴命名　主料加上特殊的烹调方法来命名

烹调方法　刺身

菜肴原料　1. 主料：苦瓜500克

　　　　　　　2. 配料：冰块1000克

3．调料：蒸鱼豉油30克、美极鲜20克、芥末糊6克

工艺流程 1．苦瓜洗净去瓤切成长4厘米、厚0.3厘米的片放入盆内加入冰水浸20分钟

2．将蒸鱼豉油、美极鲜、芥末糊放入味碟调好味上桌。再把冰块轧碎放入盘内制成一定的形状，表面摆上冰镇后的苦瓜，并点缀即成

菜肴特点 色泽油绿，芥末味浓郁，质感脆嫩，冰凉去火，造型美观

制作要求 1．保证冰水浸泡时间

2．调好口味

3．注意造型

类似品种 三纹鱼刺身、海参刺身、生鱼片刺身等

 营养分析

营养成分 苦瓜中富含维生素 C、碳水化合物等多种营养成分。

保健功能 苦瓜具有清热消暑、养血益气、补肾健脾、滋肝明目的功效，同时苦瓜含有苦瓜皂苷，具有降血糖、降血脂、抗肿瘤、预防骨质疏松、调节内分泌、抗氧化、抗菌以及提高人体免疫力等药用和保健功能。

金丝三叶香

菜肴简介

三叶香又名三叶芹，是近年开发引进的新原料，一般为干制品，经过厨师的巧妙加工制成美味佳肴，风味浓郁，原料独特，制作简便，适合各大宾馆酒店。

菜肴命名 根据原料来命名

烹调方法 拌

菜肴原料 1．主料：三叶香2盒

2．配料：虫草花15克

3．调料：盐2克、鸡粉3克、鸡汁10克、白醋10克、料油10克

工艺流程 将三叶香用温水泡软，虫草花焯水。控净水放入盆内，加入盐、鸡汁、鸡粉、白醋、料油搅拌均匀即成

菜肴特点 色泽美观，口味鲜咸微酸，质感软嫩，风味独特

制作要求 1．掌握好浸泡的时间

2．搅拌均匀，现拌现吃

类似品种 金丝拌腐竹、金丝拌豆腐、金丝拌菠菜等

营养分析

营养成分 三叶芹营养丰富，每百克可食部分含蛋白质1.1克、糖类2.6克、维生素A10毫克、维生素$B_1$0.04毫克、维生素$B_2$0.02毫克、维生素 C9毫克、钙44毫克、磷38毫克、铁0.8毫克。

保健功能 三叶芹性味辛、温，无毒，能起到祛风止咳、风火牙痛、治疗肺炎等症的食疗作用。

东北老虎菜

　　东北老虎菜是内蒙古东部区地道的农家菜，利用尖椒、大葱、香菜为主料，加入调味品拌制而成，地方风味浓郁，原料独特，制作简便，适合各大宾馆酒店。

菜肴命名　根据地名和寓意来命名

烹调方法　拌

菜肴原料　1. 主料：尖椒 150 克、香菜 150 克、大葱 150 克

2. 调料：盐3克、鸡粉3克、料油30克、白醋10克

工艺流程 将尖椒、大葱洗净切成2厘米长、0.2厘米粗的丝，香菜洗净切成2厘米长的段，放入盆内，加入盐、鸡粉、白醋、料油搅拌均匀即成

菜肴特点 色泽美观，口味鲜咸，质感脆嫩，风味独特，营养丰富

制作要求 1. 原料要反复清洗

2. 掌握好口味

3. 现拌现吃

类似品种 拌三丝、尖椒拌土豆丝、小葱拌豆腐等

营养分析

营养成分 富含多种维生素、碳水化合物、蛋白质等，其中，香菜中还含有许多挥发油，大葱中含有多种大葱素。

保健功能 用香菜与青辣椒、大葱共同切丝凉拌，对于消化食物很有帮助。而辣椒不管与哪种食物搭配，均不仅口味火爆，更有增强胃口、帮助消化的作用。辣椒具有祛寒的功效。

炝拌葫芦丝

菜肴简介

　　西葫芦是内蒙古地区地道的土特产原料，将其加工成细丝，加入调味品拌制而成，地方风味浓郁，原料独特，制作简便，适合各大宾馆酒店。

菜肴命名 根据烹调方法和原料及形状来命名

烹调方法 拌

菜肴原料 1．主料：西葫芦 350 克

2．调料：盐 3 克、鸡粉 3 克、料油 10

克、陈醋 10 克、东古酱油 5 克、炝辣椒油 20 克

工艺流程 将西葫芦洗净切成 8 厘米长、0.2 厘米粗的丝，放入凉水盆内浸泡 15 分钟，捞出控净水放入盆内，加入盐、鸡粉、陈醋、东古酱油、料油搅拌均匀再炝入辣椒油即成

菜肴特点 色泽美观，口味鲜咸微辣，质感脆嫩，风味独特，营养丰富

制作要求 1．切好的西葫芦丝在浸泡完成时一定要沥干水分

2．掌握好口味

3．现拌现吃

类似品种 炝拌三丝、炝拌土豆丝、炝拌豆芽等

 # 营养分析

营养成分 西葫芦中富含蛋白质、尼克酸、脂肪、维生素等。

保健功能 此菜具有清热利尿、除烦止渴、润肺止咳、消肿散结、润泽肌肤，减肥、抗癌防癌，提高免疫力的功效。

凉拌莜面

菜肴简介

　　莜面是内蒙古中西部地区地道的土特产原料，利用蒸熟的莜面为主料，再配上土豆泥，加入调味品拌制而成，地方风味浓郁，原料独特，制作简便，适合各大宾馆酒店。

菜肴命名　　根据烹调方法和原料来命名

烹调方法　　拌

菜肴原料　　1. 主料：熟莜面 450 克

　　　　　　　2. 土豆泥 50 克、香菜 30 克、烂腌菜

50 克、黄瓜 50 克

3．调料：盐 3 克、用胡麻油炸的料油 20 克、炸辣椒 10 克、东古酱油 10 克

工艺流程 1．将黄瓜洗净切成 2 厘米长、0.2 厘米粗的丝，香菜洗净切成段待用

2．将切好的黄瓜丝、香菜段、莜面饸饹、土豆泥、烂腌菜放入盆内，加入盐、胡麻料油、东古酱油搅拌均匀即成（带上炸辣椒）

菜肴特点 色泽美观，口味鲜咸，质感脆嫩，风味独特，营养丰富

制作要求 1．原料要洗净

2．掌握好口味

3．现拌现吃

类似品种 凉拌三丝、凉拌土豆丝、凉拌豆芽等

营养分析

营养成分 莜面的营养价值高，蛋白质的含量居谷类粮食之首，所含氨基酸种类全，而且比较平衡。莜面的脂肪含量也很高，其中，亚油酸的含量占到脂肪含量的 38% ～ 52%，莜面中的膳食纤维、各种矿物质的含量也较丰富。

保健功能 莜面含有丰富的亚油酸，以及磷、铁、钙、维生素、氨基酸、脂肪酸等人体所需的多种营养成分，其蛋白质含量超过面粉和大米，对防治冠心病、高血压、糖尿病、脂肪肝有特殊的效果。

刺身北极贝

菜肴简介

　　北极贝是源自北大西洋冰冷无污染深海的纯天然产品，具有色泽明亮（红、桔、白），味道鲜美，肉质爽脆等特点。风味独特，制作简便，适合各大宾馆酒店。

菜肴命名 主料加上特殊的烹调方法来命名

烹调方法 刺身

菜肴原料 1．主料：北极贝 100 克

　　　　　　2．配料：冰块 1000 克

3．调料：生抽 30 克、美极鲜 20 克、芥末酱 6 克

工艺流程 1．北极贝解冻后去掉内脏洗净

2．将生抽、美极鲜、芥末酱放入味碟调好味上桌。再把冰块轧碎放入盘内制成一定的形状，表面摆上北极贝，并点缀即成

菜肴特点 色泽鲜艳，芥末味浓郁，质感脆嫩，冰凉去火，造型美观

制作要求 1．北极贝也可用刀片开

2．调好口味

3．造型美观

类似品种 三纹鱼刺身、海参刺身、生鱼片刺身等

 营养分析

营养成分 北极贝中含有丰富的蛋白质和不饱和脂肪酸（DHA），是海鲜中的极品，富含铁、钙、锌、磷、维生素 A、胡萝卜素、硒等矿物质。

保健功能 北极贝对人体有良好的保健功效，有滋阴平阳、养胃健脾等作用，是上等的食品和药材。

皮蛋豆腐

菜肴简介

　　皮蛋豆腐是利用皮蛋、豆腐加入调味品拌制的一道菜品，风味浓郁，原料独特，制作简便，适合各大宾馆酒店。深受众多食者的好评。

菜肴命名　主料加上辅料来命名

烹调方法　拌

菜肴原料　1. 主料：豆腐 350 克

　　　　　　　2. 配料：皮蛋 100 克

3．调料：盐 3 克、鸡粉 3 克、料油 20 克

工艺流程 将豆腐切成小丁焯水，控净水放入盆内，皮蛋也切成相应的小丁，放入盆内，加入盐、鸡粉、料油搅拌均匀即成

菜肴特点 色泽美观，口味鲜咸，质感软嫩，风味独特，营养丰富

制作要求 1．掌握好口味

2．搅拌时要手轻，防止豆腐破碎

类似品种 小葱豆腐、香菜豆腐、蒜泥豆腐等

营养分析

豆腐 豆腐的蛋白质含量丰富，而且豆腐蛋白属完全蛋白，不但含有人体必需的 8 种氨基酸,而且比例也接近人体的需要，营养价值较高；有降低血脂、保护血管细胞、预防心血管疾病的作用。此外，豆腐对病后调养、减肥、细腻肌肤亦很有帮助。

松花蛋 松花蛋较鸭蛋含更多矿物质，脂肪和总热量却稍有下降。它能刺激消化器官，增进食欲，促进营养的消化吸收，中和胃酸，清凉、降压。具有润肺、养阴止血、凉肠、止泻、降压之功效。此外，松花蛋还有保护血管、提高智力、保护大脑的功能。

醉花生

菜肴简介

　　花生是良好的烹饪原料，也是家庭生活常用的食品，这里主要是制作方法不同，醉是将原料用调味品和酒腌制而成。风味浓郁，原料独特，制作简便，适合家庭和各大宾馆酒店。

菜肴命名　烹调方法加上主料来命名

烹调方法　醉

菜肴原料　1. 主料：花生米 150 克

2．调料：盐 3 克、白糖 10 克、红酒 25 克、陈醋 30 克、蚝油 5 克、鸡粉 3 克、香菜 10 克

工艺流程 将花生米过油炸熟放入盆内，加入盐、白糖、红酒、陈醋、蚝油、鸡粉搅拌均匀装盘，香菜切成 3 厘米的段撒在上面即成

菜肴特点 色泽美观，口味鲜咸，质感酥脆，风味独特，酒味浓郁

制作要求 1．加热时用小火

2．掌握好加热时间

类似品种 醉虾、醉蟹、醉土豆等

营养分析

营养成分 花生含有大量的蛋白质和脂肪，特别是不饱和脂肪酸的含量很高。还含有一种生物活性物质白藜芦醇，可以防治肿瘤类疾病。花生红衣中富含维生素 K，止血效果好。有润肺、和胃、补脾、清咽止咳之功效。

夫妻肺片

菜肴简介

　　夫妻肺片本是川菜的代表菜，经厨师进行了大胆的改革创新，在原来的基础上又增加了新原料烹制，地方风味浓郁，原料独特，制作简便，适合各大宾馆酒店。

菜肴命名　根据寓意和菜肴的原料来命名

烹调方法　拌

菜肴原料　1. 主料：金钱肚 50 克、牛肉 50 克、牛舌 50 克、牛心 50 克、熟芝麻 15 克

2．调料：盐 3 克、鸡粉 3 克、陈醋 30 克、东古酱油 5 克、生抽 50 克、辣鲜露 10 克、红辣油 15 克

工艺流程 1．将金钱肚、牛肉、牛舌、牛心焯水后放入红卤水中小火煮熟捞出，切成小薄片整齐地摆入盘中备用

2．用盐、鸡粉、陈醋、东古酱油、生抽、辣鲜露、红辣油、熟芝麻调好味浇淋在盘中即成

菜肴特点 色泽美观，口味鲜咸，质感软烂，风味独特

制作要求 1．加热时用小火

2．掌握好味汁，不宜太咸

类似品种 拌羊杂、炝拌腰花、拌牛肚等

营养分析

营养成分 此菜富含蛋白质、脂肪、钙、磷、铁、硫胺素、核黄素、尼克酸等，具有补益脾胃、补气养血、补虚益精、消渴、风眩之功效，适宜于病后虚羸、气血不足、营养不良、脾胃薄弱之人。此菜能温补脾胃、温补肝肾、补血温经、保护胃黏膜、补肝明目、增加高温抗病能力；促进人体的生长发育；芝麻能防止皮肤炎症、养血护肤、滋补养生、通便、促进骨骼发育、延年益寿、预防高血压、维护头发健康，素食者宜多食芝麻；有助于气色的恢复、促进新陈代谢、治疗眼部疾病。

鱼子豆腐

菜肴简介

　　嫩豆腐是近年引进内蒙古地区的新原料，此豆腐含水较多，因而质地非常细嫩，加工时要特别注意形状，一般将调好的调味汁浇淋在成型的原料上即成。

菜肴命名　主料加上调料来命名

烹调方法　拌

菜肴原料　1．主料：嫩豆腐 450 克

　　　　　　2．调料：鱼子酱 10 克、蒸鱼豉油汁

20克、料油10克

工艺流程　1．将嫩豆腐去掉盒，用特定的模具切成圆柱体，整齐地摆入盘内

2．再将鱼子酱、蒸鱼豉油汁、料油放入盆内调成调味汁，浇淋在盘内的豆腐上即成

菜肴特点　色泽美观，口味鲜咸，质感软嫩，风味独特

制作要求　1．保证原料的形状

2．调好口味

类似品种　鱼子白菜、鱼子菠菜、鱼子油菜等

 营养分析

　　营养成分　此菜含丰富的蛋白质、胆固醇以及维生素A、钙、磷、铁等多种矿物质。多吃鱼子，不但有促进发育、增强体质、健脑等作用，而且可起到乌发的作用，使人焕发青春，值得注意的是，鱼子含有较多的胆固醇，老人及心脑血管疾病的人最好禁食。

去骨凤爪

菜肴简介

去骨凤爪又称老醋凤爪，是一道色香味俱全的传统小吃。以酸甜有滋、皮韧肉香而著称。去骨凤爪既能登大雅之堂，又为普通老百姓所喜爱。制作过程比较讲究，这样才能使老醋的酸味沁入凤爪中。正宗的去骨凤爪丰满淡黄，咀嚼时骨肉生香，具有很强的催味功效。

菜肴命名　主料加菜肴特征

烹调方法　浸泡

菜肴原料　1．主料：去骨凤爪500克

2．调料：山西陈醋30克、盐3克、蚝油2克、生抽4克、蒜片5克、白糖3克

工艺流程 1．将去骨凤爪氽水，放入180度的油中炸至金黄色捞出浸泡于热水中待用

2．将山西陈醋30克、盐3克、蚝油2克、生抽4克、蒜片5克、白糖3克调制成老醋汁，再将泡好的凤爪放入调制好的老醋汁中浸泡30分钟即可

菜肴特点 色泽金黄、口味咸甜微酸、质地脆嫩

制作要求 1．调制老醋汁的口味

2．浸泡凤爪的时间

类似品种 四川泡菜、川椒凤爪、泰式凤爪等

营养分析

营养成分 鸡爪的营养价值颇高，含有丰富的钙质及胶原蛋白，多吃能软化血管。同时，还具有美容功效，胶原蛋白在酶的作用下，能提供皮肤细胞所需要的透明质酸，使皮肤水分充足保持弹性，从而防止皮肤松弛起皱纹。鸡爪中还富含铜，对血液、中枢神经和免疫系统，头发、皮肤和骨骼组织以及脑和肝、心等内脏的发育和功能有重要影响，具有开胃生津、促进血液循环的功效。

自制皮冻

菜肴简介

猪皮冻是一种用猪皮熬制而成的特色美食，属于凉菜。将除了毛的猪皮放入调料，进行长时间的熬制，使熬制的汤里含有一定的皮胶含量，然后再冷却后称皮冻，蘸上调味汁即可食用。

菜肴命名 主料加菜肴特征

烹调方法 煮

菜肴原料 1．主料：猪皮 1000 克

2．调料：山西陈醋 30 克、盐 2 克、鸡粉 3 克、蒜泥 10 克、生抽 5 克、东古酱油 5 克

工艺流程 1. 将猪皮汆水去毛，切成细长条，放入锅内加清水慢火长时间煮，在煮至10分钟时，将猪皮上面残留的猪油除去，接着煮5小时，直到猪皮和水溶为一体，最后将煮好的猪皮放入保鲜盒在冷藏柜中冷却2小时

2. 将盐2克、鸡粉3克、蒜泥10克、醋30克、生抽5克、东古酱油5克兑成蒜泥醋汁待用

3. 将冷却好的皮冻切成长方片整齐地装入盘中，洒上兑好的蒜泥醋汁即可

菜肴特点 色泽洁白、口味咸鲜微酸、蒜泥味浓郁、质地软嫩

制作要求 1. 煮猪皮的时间

2. 煮制过程中一定要把猪皮上面的油除去

类似品种 水晶虾仁、水晶皮冻、山楂皮冻等

 营养分析

营养成分 肉皮的营养价值很高，尤其对女性来说更是美容佳品，猪皮中含有大量的胶原蛋白质在烹调过程中可转化成明胶，明胶具有网状空间结构，它能结合许多水，增强细胞生理代谢，有效地改善机体生理功能和皮肤组织细胞的储水功能，使细胞得到滋润，保持湿润状态，防止皮肤过早出现褶皱，延缓皮肤的衰老过程。猪皮味甘、性凉，有滋阴补虚、清热利咽的功效。经常食用猪皮或猪蹄有延缓衰老和抗癌的作用，能减慢机体细胞老化。尤其阴虚内热，出现咽喉疼痛、低热等症的患者食用更佳。

庄园大拌菜

菜肴简介

大拌菜是一道绿色食品,将紫甘蓝、黄椒、红椒、乳瓜、穿心莲、苦苣等蔬菜混合拌在一起,既增加了菜肴的色彩,又提升了菜肴的营养价值,适合在夏季食用,是男女老少都喜欢的一道凉菜。

菜肴命名 主料加上菜肴特征

烹调方法 拌

菜肴原料 1. 主料:圆生菜50克

2. 辅料:紫甘蓝30克、苦苣30克、穿心莲20克、彩椒20克、乳瓜30克

3．调料：白醋30克、盐5克、鸡粉5克、白糖10克、料酒15克、蒜泥5克、东古酱油1克

工艺流程 1．将圆生菜、紫甘蓝、苦苣、穿心莲、彩椒、乳瓜洗净，放入盆内用凉水浸泡30分钟，沥干水分备用

2．将圆生菜、紫甘蓝用手撕成小片，苦苣切成1.5厘米的长段，穿心莲摘取洗净待用，彩椒切成菱形片，乳瓜用花刀切成小片，放入盆内

3．将盐5克、鸡粉5克、白糖10克、料酒15克、蒜泥5克、东古酱油1克、白醋30克兑成汁，放入切好的蔬菜当中，搅拌均匀装盘即可

菜肴特点 色彩丰富、口味咸回甜、蔬菜清香、质地脆嫩

制作要求 1．兑汁

2．各种蔬菜的初加工

类似品种 萝卜蘸酱、大丰收、田园大拌菜等

 营养分析

营养成分 含有丰富的维生素 C、维生素 E 和维生素 B 族，大拌菜具有开胃健脾、促进消化、生津止渴、去火润肺等功效。

腊八蒜

菜肴简介

　　腊八蒜是一道主要流行于北方，尤其是华北地区的传统小吃，是腊八节节日食俗。在阴历腊月初八的这天用醋腌制蒜。将剥了皮的蒜瓣儿放到一个可以密封的罐子、瓶子之类的容器里面，然后倒入醋，封上口放到一个冷的地方。泡在醋中的蒜就会变绿，最后会变得通体碧绿。

菜肴命名　主料加上时令季节

烹调方法　腌

菜肴原料	1. 主料：八瓣蒜100克
	2. 调料：山西陈醋150克、白酒30克
工艺流程	1. 将大蒜剥皮后的蒜瓣装入密封的玻璃器皿中待用
	2. 倒入陈醋、白酒淹过蒜瓣，加盖密封，放在阴凉处腌制7天后即可食用
菜肴特点	色泽碧绿、口味酸甜、质地脆嫩
制作要求	1. 选料
	2. 腌制的时间和温度
类似品种	自制泡菜、腌鲜姜、腌泡椒等

营养分析

营养成分 腊八蒜中主要含有钾、钠、磷、钙、镁、碳水化合物等营养成分。

保健功能 1. 它酸甜可口，有蒜香又不辣，有解腻祛腥、助消化的作用。2. 能诱导肝细胞脱毒酶的活性，可以阻断亚硝胺致癌物质的合成，从而预防癌症的发生。3. 腊八蒜的抗氧化活性优于人参，常食能延缓衰老。4. 经常接触铅或有铅中毒倾向的人食用，则能有效地防治铅中毒。5. 腊八蒜还含有一种叫硫化丙烯的辣素，其杀菌能力可以达到青霉素的1/10，对病原菌和寄生虫都有良好的杀灭作用。6. 可以起到预防流感、防止伤口感染、治疗感染性疾病和驱虫的功效。

大蒜性温，多食生热，且对局部有刺激，因此阴虚火旺、目口舌有疾者忌食。

酸辣木耳

菜肴简介

酸辣木耳是一道家常凉菜，主要食材是木耳，以辣椒、香菜等配料拌制而成。清爽适口，营养丰富，尤其适于夏季食用。

菜肴命名　主料前加上味型

烹调方法　拌

菜肴原料　1．主料：东北野生黑木耳120克

2．辅料：彩椒10克、美人椒5克、香菜5克

3．调料：盐1克、鸡粉2克、生抽5

克、豉油5克、料酒10克、芥末油5克、料油10克

工艺流程 1. 将黑木耳洗净，放入凉水中浸泡 3 小时使木耳完全发好后，沥干其水分，去除根蒂，撕成小片备用

2. 将撕好的木耳放入盘中，再加入切好的香菜段、彩椒片、美人椒粒后加入盐、鸡粉、生抽、豉油、料油、芥末油拌匀装盘即可

菜肴特点 口味咸鲜微辣、芥末味浓郁、质地脆嫩

制作要求 菜肴的口味以突出木耳本来的鲜味为主，在此基础上还要突出芥末的清香辣味

类似品种 酸辣木耳、冰镇芥末木耳、香葱拌木耳等

 营养分析

营养成分 黑木耳具有益气、润肺、补脑、轻身、凉血、止血、涩肠、活血、养颜等功效。含有大量碳水化合物、蛋白质、铁、钙、磷、胡萝卜素、维生素等营养物质。含有丰富的植物胶原成分，它具有较强的吸附作用，对无意食下的难以消化的头发、谷壳、木渣、沙子、金属屑等异物也具有溶解与氧化作用。常吃木耳能起到清理消化道、清胃涤肠的作用。

凉拌笋丝

菜肴简介

　　莴笋又称莴苣、香笋。莴笋的肉质嫩，茎可生食、凉拌、炒食、干制或腌渍。莴苣茎叶中含有莴苣素，味苦，能增强胃液、刺激消化、增进食欲，并具有镇痛和助眠的作用。

菜肴命名　主料前加上烹调手法

烹调方法　拌

菜肴原料　1. 主料：莴笋 500 克

　　　　　　　2. 辅料：韭菜 5 克、黄瓜丝 20 克、

辣椒段 1 克、扎蒙蒙花 2 克

3．调料：盐 20 克、鸡精 20 克、料油 30 克、白醋 20 克

工艺流程 1．将莴笋去皮洗净，切成长 5 厘米的丝

2．将切好的莴笋丝氽水投凉备用

3．加入上述调味品搅拌均匀即可装盘

菜肴特点 色泽翠绿、口味咸鲜清淡、质地清香

制作要求 1．刀工

2．氽水不能时间太长，氽好水后要及时投凉，要保证笋丝的脆嫩度

类似品种 拌三丝、凉拌苦苣等

 营养分析

营养成分 莴笋中碳水化合物的含量较低，而无机盐、维生素则含量较丰富，尤其是含有较多的烟酸。烟酸是胰岛素的激活剂，糖尿病人经常吃些莴笋，可改善糖的代谢功能。莴笋中还含有一定量的微量元素锌、铁，特别是莴笋中的铁元素很容易被人体吸收，经常食用新鲜莴笋，可以防治缺铁性贫血。莴笋中的钾离子含量丰富，是钠盐含量的 27 倍，有利于调节体内盐的平衡。对于高血压、心脏病等患者，具有利尿、降低血压、预防心律紊乱的作用。莴笋还有增进食欲、刺激消化液分泌、促进胃肠蠕动等功能。

红油肚丝

菜肴简介

　　红油肚丝，是一道传统名菜。将肚丝加入调味品和红油拌制而成。其外观色泽光亮，口味咸鲜香辣，柔嫩爽脆，具有补虚、健脾胃、富含蛋白质等特点。

菜肴命名　　主料前加上味型命名

烹调方法　　拌

菜肴原料　　1．主料：熟金钱肚 130 克

　　　　　　　　2．辅料：葱丝 30 克、香菜 20 克、尖

椒 30 克

3．调料：盐 10 克、鸡粉 10 克、辣油 30 克、东古

酱油 15 克、醋 20 克、香油 10 克、蒜泥 30 克

工艺流程 1．将金钱肚清洗干净，切成 3 厘米的长条状备用

2．将所有调味品兑制成红油汁备用

3．将葱丝、香菜段、尖椒丝放入主料当中，再加

上事先兑好的红油汁搅拌均匀即可装盘

菜肴特点 色泽红润、口味蒜香微辣、质地脆嫩

制作要求 兑制红油汁一定要突出蒜泥味

类似品种 红油鸡、红油木耳、红油猪耳等

营养分析

营养成分 猪肚中富含蛋白质、脂肪、碳水化合物、维生素及钙、磷、铁等，具有补虚损、健脾胃的功效，适于气血虚损、身体瘦弱者食用。

东北大拌菜

菜肴简介

　　此款菜肴为一道典型的民间凉菜，主要使用豆腐丝和大葱、黑木耳、粉丝等东北当地特产混合拌制而成，此菜既体现了地方特色，又在菜肴的口味上得到了新的突破，也是北方地区老百姓喜欢食用的一款菜肴。

菜肴命名　主料前加上地区命名

烹调方法　拌

菜肴原料　1．主料：白菜丝100克

　　　　　　2．辅料：豆腐丝50克、大葱30克、

香菜30克、木耳30克、粉丝50克

3．调料：盐10克、鸡粉3克、料油20克、辣油20克、东古酱油15克、醋30克、香油10克

工艺流程 1．将白菜清洗干净切成细丝，大葱、香葱、尖椒分别切成3厘米长的细丝，粉丝切成5厘米长的丝备用

2．将所有主、辅料拌在一起，再加上上述调味品拌匀即可

菜肴特点 色彩各异、口味咸鲜微辣、质地脆嫩

制作要求 1．刀工

2．口味

类似品种 什锦拌菜、东北手撕菜、东北蘸酱菜等

 营养分析

营养成分 此菜不仅口感好，而且营养搭配也很丰富，豆腐丝中的蛋白质与黑木耳中的矿物质，以及大葱中的维生素和粉丝中的碳水化合物相结合，不但色彩丰富，而且在营养上充分发挥了互补作用，极大地提高了吸收和利用率。

丁香鱼拌苦菊

菜肴简介

　　丁香鱼也叫小银鱼，营养价值高，味道好，配上常见的苦菊，就成了家庭餐桌上最为常见，也最受欢迎的凉拌菜——丁香鱼拌苦菊。这两者的结合，不仅均衡了肉食和菜类的营养，还非常开胃，特别的口感使它成为很受欢迎的一道菜。

菜肴命名　主料加上辅料

烹调方法　拌

菜肴原料　1．主料：苦菊 50 克

　　　　　　　2．辅料：丁香鱼罐头 30 克、红椒丝

5 克

3．调料：盐 10 克、鸡粉 10 克、白醋 10 克、香油 15 克、料油 20 克

工艺流程 1．将苦菊清洗干净，切成长 3 厘米的段，放入冰块中冰镇 10 分钟备用

2．将丁香鱼切成丝，红椒丝拌入苦菊中

3．将上述调味品加入主、辅料中搅拌均匀即可装盘

菜肴特点 色泽红绿相间、口味咸鲜清香

制作要求 口味要突出清香

类似品种 凉拌苦菊、芥末苦菊、酸甜苦菊等

 营养分析

营养成分 丁香鱼富含维生素 A 及维生素 D，特别是鱼的肝脏中含量最多。最值得一提的是丁香鱼带骨一起吃是很好的钙质来源，其他如磷、铜、镁、钾、铁等都可以在鱼肉里摄取。丁香鱼富含丰富的蛋白质，经研究发现，儿童经常食用，会使其生长发育比较快，鱼肉中 EPA 和 DHA 可以让宝宝更聪明。

苦菊中含蛋白质，膳食纤维较高，微量元素较全，含有维生素 B_1、维生素 B_2、维生素 C、胡萝卜素、烟酸等。苦菊嫩叶中氨基酸种类齐全，且各种氨基酸之间比例适当。食用苦菊有助于促进人体内抗体的合成，增强机体免疫力，促进大脑机能。

老醋蜇头

海蜇头是指水母的触须部位,肉质较厚。海蜇分为海蜇头和海蜇皮两种,但都是由海产水母加工泡制而成的。海蜇皮由水母的伞盖制成,特点是片大、皮薄、色白,并有一层黑色的薄膜。海蜇头是海蜇中的精品,主要含有胶原蛋白,口感及营养价值更上一层。

菜肴命名　主料加上菜肴特殊调味品

烹调方法　拌

菜肴原料　1.主料:蜇头 500 克

　　　　　　2.辅料:香葱段、红椒丝

3．调料：盐 10 克、鸡粉 10 克、陈醋 10 克、白糖 30 克、东古酱油 15 克、料油 20 克

工艺流程 1．将海蜇头浸泡 8 小时洗净待用

2．将浸泡好的海蜇头稍氽水投凉沥干水分切成小片状待用

3．将上述调味品及辅料加在蜇头里搅拌均匀即可

菜肴特点 颜色美观、醋香浓郁、酸中微甜、鲜美爽口

制作要求 1．蜇头氽水时间要短，保证蜇头的最大嫩度

2．口味要突出酸甜味道

类似品种 芥末海蜇头、海蜇头拌黄瓜、蜇头大拌等

 营养分析

营养成分 海蜇的营养十分丰富，据测定，海蜇中含有蛋白质、脂肪、无机盐、钙、磷、铁、碘、维生素 A、维生素 B 族等十多种营养物质。海蜇中含有类似于乙酰胆碱的物质，能扩张血管，降低血压；所含的甘露多糖胶质对防治动脉粥样硬化有一定功效；海蜇能软坚散结、行淤化积、清热化痰，对气管炎、哮喘、胃溃疡、风湿性关节炎等疾病有益，并有防治肿瘤的作用；从事理发、纺织、粮食加工等与尘埃接触较多的工作人员常吃海蜇，可以去尘积、清肠胃，保障身体健康。

茴香苗
拌皮蛋豆腐

菜肴简介

　　茴香苗，嫩茎和嫩叶可供食用，其种子可做药用或香料。茴香苗有特殊的香气，人们常用来做馅。茴香苗是营养很丰富的蔬菜的之一。茴香苗拌皮蛋豆腐是一款创新菜肴，有效地结合了三种原料的营养组配，同时在口味上也取得了相互补充的效果。

菜肴命名　　主料加上辅料及特殊调味品

烹调方法　　拌

菜肴原料　　1. 主料：豆腐 15 克

2．辅料：茴香苗 20 克、皮蛋 1 个

3．调料：盐 15 克、鸡粉 10 克、料油 30 克

工艺流程 1．将茴香苗清洗干净，去头、去尾，豆腐剁成末，皮蛋切成丁拌到一起

2．加上述调味品均匀搅拌入味后即可装盘

菜肴特点 色泽白绿黑相间、口味咸鲜清香、质地软嫩

制作要求 三者之间的比例搭配

类似品种 皮蛋拌豆腐、姜汁皮蛋、凉拌茴香苗杏仁

营养分析

营养成分 茴香苗富含的胡萝卜素和钙的含量都很高，维生素 B_1、维生素 B_2、维生素 C 和铁的含量也比较高。茴香苗所含的主要成分还有茴香油，能刺激胃肠神经血管，促进消化液分泌，增加胃肠蠕动，排除积存的气体，所以有健胃、行气的功效；有时胃肠蠕动在兴奋后又会降低，因而有助于缓解痉挛、减轻疼痛。

麻酱油麦菜

菜肴简介

油麦菜，别名莜麦菜，是以嫩梢、嫩叶为产品的尖叶型叶用莴苣，叶片呈长披针形，色泽淡绿、质地脆嫩，口感极为鲜嫩、清香，具有独特风味，有"凤尾"之称，是生食蔬菜中的上品。

菜肴命名 主料加上特殊调味品

烹调方法 拌

菜肴原料 1. 主料：油麦菜 500 克

2. 辅料：胡萝卜 1 个

3．调料：麻酱 30 克、盐 15 克、鸡粉 15 克、蒜泥 20 克、白醋 15 克

 工艺流程

1．将油麦菜洗净切成 3 厘米的长段待用

2．将胡萝卜切成圆圈形状，然后把切好的油麦菜分成 3 片套在 1 个胡萝卜圈里，做成一个造型，这样总共做 10 个备用

3．将所有的调味品均匀地拌在主料上即可

菜肴特点 色泽红绿相间、造型美观、口味鲜香、麻酱味浓郁

制作要求 菜肴的造型

类似品种 麻酱豆角、麻酱鸡块、麻酱蘸时蔬、肉丝麻酱拉皮等

营养分析

营养成分 油麦菜中含有大量钙、铁、蛋白质、脂肪、维生素 A、维生素 B_1、维生素 B_2 等营养成分，常食具用有清燥润肺、化痰止咳、降低胆固醇、治疗神经衰弱等功效，是一种典型的低热量、高营养的蔬菜。

炒肉丝拉皮

菜肴简介

炒肉丝拉皮是传统名菜。肉丝滑软脆嫩，香美醇厚，拉皮色白透明，凉爽柔软，调和酸香等口味，食之令人爽快，是盛夏之佳肴。拉皮就是用优质淀粉调成糊状后，用特制的铜旋子在开水锅中旋转拉制而成的粉皮。

菜肴命名 主料加上辅料

烹调方法 拌

菜肴原料 1. 主料：拉皮 1 张

2. 辅料：肉丝 20 克、黄瓜丝 20 克、

香菜段 10 克、橄榄丝 5 克

3．调料：盐 15 克、鸡粉 20 克、老干妈 30 克、蒜泥 20 克、生抽 15 克、东古酱油 10 克、料油 20 克

工艺流程 1．将拉皮切成宽 0.5 厘米、长 8 厘米的条状备用

2．将事先准备好的过油滑熟的肉丝、黄瓜丝、橄榄丝、香菜段和切好的拉皮一起放入盆内待用

3．将所有的调味品兑制成调味汁，然后将调味汁倒入主、辅料中搅拌均匀即可装盘

菜肴特点 色泽黄红、口味咸鲜微辣、质地软糯、劲柔爽口

制作要求 1．滑炒肉丝的油温

2．兑制调味汁的口味

类似品种 麻酱肉丝拉皮、肉丝拌酿皮、肉丝大拌菜等

 营养分析

营养成分 拉皮的主要营养成分为碳水化合物，还含有少量蛋白质、维生素及矿物质，具有柔润嫩滑、口感筋道等特点，本菜采用瘦猪肉、淀粉制品和多种时令蔬菜一同制成，是一道老幼、胖瘦皆宜，营养丰富的夏令佳肴。

烧椒皮蛋

菜肴简介

烧椒皮蛋是传统名菜。香辣爽口、柔韧兼备、微酸开胃、咸鲜可口。将皮蛋蒸几分钟较易剥壳，又不破坏蛋形，且蛋黄完全凝固，便于切剖而不粘刀，还具有消毒杀菌、减轻涩味的作用。

菜肴命名 主料加上辅料

烹调方法 拌

菜肴原料 1. 主料：杭椒100克

2. 辅料：熟鹌鹑皮蛋10个

3．调料：生抽10克、美极鲜酱油10克、白糖5克、料油20克、盐5克、鸡粉20克

工艺流程 1．将杭椒洗净切成4厘米的段，放入150度的油锅中炸至起泡捞出待用

2．鹌鹑蛋去皮后氽水装盘待用

3．把准备好的主料、辅料拌在一起，再加入用上述调味品兑制的调味汁搅拌均匀即可

菜肴特点 色泽白绿相间、口味咸鲜回甜、质地醇香

制作要求 1．炸制杭椒的油温

2．口味

类似品种 醋泡虎皮尖椒、烧椒豆腐、烧椒凤爪等

 营养分析

营养成分 杭椒、皮蛋中富含蛋白质、胡萝卜素、维生素 A、辣椒碱、辣椒红素、挥发油以及钙、磷、铁等矿物质。它既是美味佳肴的好佐料，又是一种温中散寒可用于食欲不振等症的食疗佳品。

银杏拌双耳

菜肴简介

银杏拌双耳是一道家常凉菜，主要是由黑木耳、银耳等食材以及银杏、香菜等配料拌制而成。清爽适口，营养丰富，尤其适于夏季食用。

菜肴命名 主料加上辅料及烹调方法

烹调方法 拌

菜肴原料 1. 主料：木耳80克、银耳80克

2. 辅料：银杏20克、香菜5克

3. 调料：盐5克、鸡粉5克、生抽10

克、美极鲜酱油10克、芥末油15克、料油20克

工艺流程　1．将主料清洗后撕成小片待用，香菜切成2厘米长的小段，银杏氽水投凉待用

2．将主料、辅料放入盆内混合在一起备用

3．将所有调味品兑制成咸鲜汁倒入盆内搅拌均匀即可装盘

菜肴特点　色泽白绿相间、柔嫩鲜美、素淡清口、清脆爽口、芥末味浓郁

制作要求　兑制调味汁，在咸鲜的基础上要突出芥末味。煮银杏的时候，最好不要加盖，让银杏中的小毒挥发掉

类似品种　芥末木耳、红油凉拌双耳、银杏拌银耳

营养分析

营养成分　银耳和黑木耳营养丰富，其维生素 B_2 的含量是一般米、面、蔬菜的 10 倍，是肉类的 3 至 5 倍，含铁量比肉类高 100 倍。黑木耳营养丰富，滋味鲜美，富含蛋白质，还有糖类、铁、钙、磷、钾、钠、镁、精纤维、胡萝卜素和多种维生素，具补气益智、生血、养肺、润燥之功，是孕妇进补之佳品。

银杏能敛肺气、定喘嗽、止带浊、缩小便，对于治疗哮喘、痰嗽等均有一定的疗效。

手撕烤兔

菜肴简介

　　手撕烤兔是传统小吃。手撕烤兔肉厚处醇香粑软，肉薄之处酥香脆爽，细细嚼之齿间久久留香，不是野味胜似野味，是居家待客、娱乐休闲及旅游、探亲的首选特色食品。

菜肴命名　主料加上特殊制作方法

烹调方法　拌

菜肴原料　1．主料：熟兔肉 250 克

　　　　　　2．辅料：葱丝 20 克、尖椒 30 克、香

菜 20 克

3. 调料：盐 10 克、鸡粉 10 克、辣椒段油 15 克、蒜泥 10 克、料油 20 克

工艺流程 1. 将熟兔肉用手撕成长 4 厘米的条状，葱丝切 3 厘米的细丝，尖椒切 3 厘米的细丝、香菜切 2 厘米的段备用

2. 将主料、辅料搅拌在一起

3. 将所有调味品兑制成汁，加在主、辅料上搅拌均匀即可

菜肴特点 色泽红润、口味咸香微辣、质地软嫩

制作要求 1. 烤制兔肉的时间（一般需要 1.5 小时）

2. 调制兔肉的汁

类似品种 橙皮兔肉、卤兔肉、红油兔肉等

 营养分析

　营养成分 兔肉有"美容肉"之称，含有丰富的蛋白质，较多的糖类，少量脂肪及硫、钾、钠、维生素 B_1、卵磷脂等成分。兔肉富含大脑和其他器官发育不可缺少的卵磷脂，有健脑益智的功效；经常食用可保护血管壁，阻止血栓形成，对高血压、冠心病、糖尿病患者有益处，并能增强体质、健美肌肉，它还能保护皮肤细胞活性，维护皮肤弹性；兔肉中所含的脂肪和胆固醇，低于其他肉类，而且脂肪又多为不饱和脂肪酸，常吃兔肉可强身健体，但不会增肥，是肥胖患者理想的肉食。

农家杂拌

菜肴简介

　　此菜是一道典型的荤素搭配的凉拌菜肴，选用熟肘花与乳瓜、苦菊混合拌之，味道独特，而且荤素搭配大大提高了菜品营养成分的互补，进而也提高了营养的利用率。

菜肴命名　主料加上特殊用料

烹调方法　拌

菜肴原料　1. 主料：熟肘花 100 克

　　　　　　　2. 辅料：乳瓜 50 克、苦菊 20 克、小

水萝卜 20 克、小葱 10 克

3．调料：盐 15 克、鸡粉 10 克、醋 20 克、东古酱油 15 克、辣油 15 克、料油 20 克、蒜泥 10 克

工艺流程 1．将熟肘花切成片，乳瓜切成长菱形片，苦菊切成长 2 厘米的段，小水萝卜拍成小块，小葱切成 2 厘米的段备用

2．将主、辅料搅拌在一起待用

3．将所有调味品兑制成咸鲜汁倒入主、辅料上搅拌均匀即可

菜肴特点 色彩丰富，质地脆嫩，口味咸鲜

制作要求 1．主辅料的搭配比例

2．兑制咸鲜汁

类似品种 时蔬大拌、蔬菜大拌、大丰收等

 营养分析

营养成分 熟肘花含有脂肪、蛋白质、胶原蛋白，乳瓜中富含葡萄糖、果糖、蔗糖、胡萝卜素、维生素C、酒石酸、枸橼酸、苹果酸、乳瓜蛋白酶等。苦菊中含有丰富的钾、钙、镁、磷、钠、铁、等元素，能清热、消肿、化淤解毒、凉血止血。苦菊对急性淋巴细胞白血病、急性及慢性粒细胞白血病都有抑制作用。

芦笋北极贝

菜肴简介

　　把北极贝一剖为二，用清水洗净，沥干水分。将鲜芦笋刨去老皮，切段，入开水锅焯水，捞出，沥干水分。在洗净的北极贝与鲜芦笋段中，分别加入味精、精盐、麻油拌和，北极贝在下，芦笋在上，排入盘中，不仅口味独特，而且造型美观，是一道不错的创新菜肴。

菜肴命名　主料加上辅料

烹调方法　拌

菜肴原料　1. 主料：芦笋 100 克

　　　　　　　2. 辅料：北极贝 7 个

3. 调料：盐5克、鸡汁15克、白醋5克、料油10克

工艺流程　1. 将主料芦笋取头部切成长4厘米的段，汆水投凉待用

2. 北极贝去除内脏清洗干净，一分为二上笼蒸至5分钟晾凉备用

3. 将主、辅料混合在一起搅拌

4. 用所有调味品兑制成咸鲜汁倒入主、辅料上搅拌均匀即可

菜肴特点　口味咸鲜、质地鲜嫩

制作要求　1. 北极贝的初加工及蒸的时间

2. 口味要突出鲜嫩

类似品种　冰镇北极贝、炝拌芦笋、芦笋鲜贝等

 # 营养分析

　　营养成分　芦笋嫩茎中含有丰富的蛋白质、维生素、矿物质和人体所需的微量元素等，另外芦笋中含有特有的天门冬酰胺，及多种甾体皂甙物质，对心血管病、水肿、膀胱炎、白血病均有疗效，也有抗癌的效果，因此长期食用芦笋有益脾胃，对人体许多疾病有很好的治疗效果。

　　北极贝对人体有良好的保健功效，有滋阴平阳、养胃健脾等作用，是上等的食品和药材。北极贝中含有蛋白质、钙、铁、锌、磷、维生素 A_1、胡萝卜素、硒等多种营养成分。

蘸汁三文鱼

菜肴简介

　　三文鱼也叫大马哈鱼，学名鲑鱼，"三文鱼"是英文"salmon"的音译，是世界名贵鱼类之一。三文鱼鳞小刺少，肉色橙红，肉质细嫩鲜美，既可直接生食，又能烹制菜肴，是深受人们喜爱的鱼类。

菜肴命名　主料加上特殊调味料

烹调方法　刺身

菜肴原料
1. 主料：三文鱼 300 克
2. 辅料：白萝卜 200 克
3. 调料：芥末酱 10 克、美极鲜酱油

20克、生抽20克、豉油20克

工艺流程 1. 将三文鱼切成长6厘米、宽2厘米的薄片，白萝卜切成长4厘米、宽0.3厘米的长方块备用

2. 将三文鱼圈在白萝卜内，一头码好做一造型装盘

3. 取一个小碗将所有调味品兑制成芥末鲜汁，食用时蘸汁

菜肴特点 色泽红白相间、质地细嫩、口味鲜咸、芥末味浓郁

制作要求 1. 刀工，要求切片时必须要薄，均匀一致

2. 兑制芥末汁一定注意芥末酱的用量要适当

类似品种 刺身三文鱼、刺身鲜贝、蘸汁木耳等

 营养分析

营养成分 三文鱼中含有丰富的不饱和脂肪酸，是脑部、视网膜及神经系统所必不可少的物质，能促进机体对钙的吸收利用，防治心血管疾病。三文鱼中含鱼肝油更高，能有效地预防诸如糖尿病等慢性疾病的发生、发展，具有很高的营养价值，享有"水中珍品"的美誉。鱼肝油中还富含维生素D等，能促进机体对钙的吸收利用，有助于生长发育。

生吃三文鱼（带蘸汁）的食用效果，具有祛脂降压，利尿消肿，提高免疫力，聪耳、明目、降糖消渴的作用。

手撕剔骨肉

菜肴简介

　　剔骨肉，是补钙佳品，并且省去了吃的过程中啃骨头的程序，方便食用，营养也比较丰富。并且煮排骨的汤可以顺便做成剔骨肉汤，调入盐和香菜末即可。

菜肴命名　主料加上特殊手法

烹调方法　拌

菜肴原料　1．主料：熟猪肘肉200克

　　　　　　2．辅料：尖椒丝30克、葱丝20克、

香菜20克

3．调料：盐10克、鸡粉10克、醋10克、辣油15克、香油5克、东古酱油10克、料油20克

工艺流程 1．将肘花用手撕成3厘米长的细条，尖椒切成3厘米的丝备用

2．将主、辅料和事先兑好的调味汁搅拌在一起即可

菜肴特点 口味咸鲜微辣、口感细嫩、肉质劲爽

制作要求 1．口味，要求兑制调味汁时一定要注意突出鲜香微辣的味道

2．选料要选择瘦肉和皮多的肘花

类似品种 蒜泥肘花、肘花拌黄瓜等

 营养分析

营养成分 剔骨肉中含有蛋白质、脂肪、维生素及大量磷酸钙、骨胶原、骨粘蛋白等，可为人体提供充足的钙质，对老人、小孩和女性都非常好。钙可以影响人体的骨质密度，较高的骨质密度可以保证绝经期和老年期具有较密致的骨质，从而减少骨折的概率，推迟骨质疏松的发生。

东北家常拌菜

菜肴简介

　　此菜是采用东北地道的大拉皮和众多新鲜蔬菜混合拌在一起的一款菜肴，具有清热、消火的功效，东北大拉皮以劲柔爽口、味道鲜美而受消费者喜爱，是夏季人们特别喜欢吃的一种小吃。目前的制作方法主要有两种，一种是手工制作，一种是机械化制作。

菜肴命名　主料加上区域

烹调方法　拌

菜肴原料　1．主料：拉皮1张

　　　　　　　2．辅料：菠菜200克、香菜30克、尖

椒20克、大葱20克

3．调料：盐20克、鸡粉20克、白糖30克、醋50克、料油30克、辣油20克

工艺流程 1．将拉皮切成长8厘米、宽0.5厘米的条状，菠菜氽水后切成8厘米的段，香菜切3厘米的段，尖椒同样切3厘米的段待用

2．将所有的主、辅料搅拌在一起再加入事先兑好的调味汁拌匀即可装盘

菜肴特点 口味酸甜微辣

制作要求 1．切拉皮的长度

2．注意味型

类似品种 东北拉皮、西北酿皮、农家拌凉粉

 营养分析

营养成分 拉皮的主要营养成分为碳水化合物，还含有少量蛋白质、维生素及矿物质，具有柔润嫩滑、口感筋道等特点。长期食用拉皮对于人体的血液、中枢神经和免疫系统、头发、皮肤和骨骼以及脑和肝、心等内脏的发育和功能有重要影响。拉皮内含有重要的膳食纤维，能够迅速为人体提供能量。在一定程度上还能够帮助解毒，增强肠道功能。

醋汁皮冻

菜肴简介

　　醋汁皮冻是西部地区的一道特殊凉菜，将熬好的皮冻蘸上醋汁，不但去腥减腻，而且还有助于消化吸收。皮冻是用猪皮加水长时间熬制而成的一种物质，含有大量的胶原蛋白，不但韧性好，而且色、香、味、口感俱佳，对人的皮肤、筋腱、骨骼、毛发都有重要的生理保健作用。

菜肴命名　主料加上特殊调味汁

烹调方法　拌

菜肴原料　1．主料：猪皮 500 克

　　　　　　　2．调料：蒜泥 30 克、盐 15 克、鸡粉

10 克、生抽 10 克、东古酱油 10 克

工艺流程 1. 将猪皮去毛、刮油、洗净切成细丝待用

2. 将切好的猪皮丝放入清水中小火煮至 3 小时捞出冷却 12 小时备用

3. 将冷却好的猪皮冻切成长方片装盘待用

4. 将所有调味品兑制成蒜泥醋汁，食用时将蒜泥醋汁与猪皮冻同时上桌即可

菜肴特点 色泽洁白、质地筋到、口味咸鲜、蒜香浓郁

制作要求 1. 熬制猪皮冻的时间

2. 冷却猪皮冻的时间

类似品种 水晶虾仁、水果皮冻、山楂皮冻等

 ## 营养分析

营养成分 近年来人们发现，经常食用猪皮或猪蹄有延缓衰老和抗癌的作用。因为猪皮中含有大量的胶原蛋白，能减慢机体细胞老化。北方的气候比较干燥，人的皮肤容易缺水，因此会出现皱纹，要想延缓或减少皱纹的出现，就必须摄入一些能提高结合力的胶原蛋白和弹性蛋白。皮冻正是富含胶原蛋白的食物，对减皱美容有特效。经常食用皮冻就能使皮肤变得丰润饱满，富有弹性，平整光滑。

XO 酱拌杏鲍菇

菜肴简介

　　XO 酱口味独特，杏鲍菇菌肉肥厚，质地脆嫩，特别是菌柄组织致密、结实、乳白，可全部食用，且菌柄比菌盖更脆滑、爽口，被称为"平菇王""干贝菇"，具有杏仁香味和如鲍鱼般的口感，适合保鲜、加工，深得人们喜爱。菌肉肥厚似鲍鱼，因而得名杏鲍菇。

菜肴命名　主料加上特殊调味品

烹调方法　拌

菜肴原料　1. 主料：杏鲍菇 300 克

2．辅料：XO 酱 20 克

3．调料：盐 10 克、鸡粉 10 克、白醋 10 克、料油 20 克

工艺流程 1．将杏鲍菇切成长 4 厘米的细条后氽水煮熟待用

2．将所有调味品兑制成咸鲜汁备用

3．将兑制好的咸鲜汁倒入主料上拌匀即可

菜肴特点 色泽淡黄、口味咸鲜微甜、质地脆嫩

制作要求 调制 XO 酱的咸鲜汁料

类似品种 XO 酱拌木耳、XO 酱拌金针菇、XO 酱拌牛舌等

营养分析

营养成分 杏鲍菇营养丰富，其中含有人体必需的 8 种氨基酸，是一种营养保健价值极高的食用菌。其中主要含有蛋白质、碳水化合物、维生素及钙、镁、铜、锌等矿物质，可以提高人体的免疫功能，具有抗癌、降血脂、润肠胃以及美容等作用。

热菜篇

   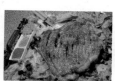 

乾隆豆腐

菜肴简介

　　乾隆豆腐的主要原料是豆腐和肉馅，又名博山豆腐箱，是传统名吃。相传清乾隆帝南巡时，曾到博山，招待用膳时有豆腐箱这道菜，乾隆食后赞不绝口。

菜肴命名　主料加人名

烹调方法　炸、蒸

菜肴原料　1. 主料：东北豆腐 350 克

2．辅料：猪肉馅 100 克、菜心 50 克、色拉油 2000 克

3．调料：盐 8 克、鸡粉 4 克、鸡汁 3 克、蚝油 6 克、葱姜各 10 克、水淀粉 15 克、香油 3 克

工艺流程　1．将豆腐切成长 4 厘米、宽 2.5 厘米、高 2 厘米的长方体待用

2．锅内加适量的色拉油加热到 150 度时放入切好的豆腐炸制成金黄色时捞出，在炸好的豆腐四周整齐地用刀划开，将里面的嫩豆腐挖出，使豆腐变成镂空的

3．将肉馅加盐、鸡粉、葱末、姜末调味，再把调好味的肉馅镶在豆腐里

4．将豆腐上笼蒸制 6 分钟即可出笼

5．锅内加入底油，加少许葱末、姜末炝锅，再加入适量的高汤，然后放入鸡汁、蚝油调制成一个清淡的咸鲜口，再用水淀粉勾芡，汤汁出锅时淋上少许香油，均匀地浇在主料上即可

菜肴特点　色泽金黄、口味咸鲜、质地鲜嫩，造型美观、寓意吉祥

制作要求　1．豆腐的形状

2．炸制豆腐一定要进行复炸，防止出现外糊里生的现象

3．菜肴的色泽，一定要保持色泽金黄

类似品种　肉末煎豆腐、锅塌豆腐、香煎豆腐等

营养分析

营养成分 豆腐的蛋白质含量丰富,而且属于完全蛋白质,不仅含有人体必需的 8 种氨基酸,而且比例也接近人体需要,豆腐内含植物雌激素,能保护血管内皮细胞不被氧化破坏,常食可减轻血管系统的破坏,预防骨质疏松、乳腺癌和前列腺癌的发生,是更年期妇女的保护神;丰富的大豆卵磷脂有益于神经、血管、大脑的发育生长;大豆蛋白能恰到好处地降低血脂,保护血管细胞,预防心血管疾病;此外,豆腐对病后调养、减肥、细腻肌肤亦很有好处。

牛排煮饼

菜肴简介

　　牛排煮饼是一道家常菜肴，主料是牛排和贴饼，主要的烹饪工艺是炖和煮，耗时较长。两者结合是非常好的搭配，此菜主要体现味美汤鲜、营养丰富的特点。

菜肴命名　主、辅料同时体现在菜肴名称里

烹调方法　煮

菜肴原料　1. 主料：牛排 1500 克

　　2. 辅料：土豆 400 克、贴饼 10 个、豆腐 600 克、西红柿 600 克

3．调料：盐、辣椒面、酱油、老抽、葱、姜、大调料（包括大料、桂皮、花椒）

工艺流程 1．将牛排斩成块汆水去其血腥味

2．锅内放入少许底油，加大料、桂皮、花椒、葱、姜、辣椒面炝锅后倒入汆好水的牛肉旺火煸炒出香味后再加入盐、适量的高汤定口后倒入高压锅内上气炖至 25 分钟捞出待用

3．土豆切大小均匀的滚刀块，豆腐切成长 5 厘米、宽 4 厘米、厚 1.5 厘米的片状，一起入蒸箱内蒸熟待用

4．将贴饼放入平底锅内用适量的油煎至一面金黄时取出后整齐地摆在盘子四周，西红柿去皮切滚刀块待用

5．将炖好的牛排和蒸熟的土豆、豆腐一起倒入锅中，小火煮至土豆、豆腐入味后，放入西红柿块，待汤汁浓稠时出锅装在围好贴饼盘子的中间即可

菜肴特点 口味咸鲜微辣、质地软烂浓香、荤素搭配、营养丰富

制作要求 1．高压锅炖制牛肉的时间

2．主、辅料的比例搭配

3．掌握好口味，主要突出咸鲜浓香微辣的味道

类似品种 牛肉炖萝卜、牛肉焖饼、水煮牛排等

营养分析

营养成分 牛肉富含蛋白质，氨基酸组成比猪肉更接近人体的需要，能提高机体抗病能力，对生长发育及术后、病后调养的人在补充失血、修复组织等方面特别适宜。寒冬食牛肉可暖胃，是该季节的补益佳品；牛肉有补中益气，滋养脾胃，强健筋骨，化痰息风，止渴止涎之功效，适宜中气下隐、气短体虚、筋骨酸软、贫血久病及面黄目眩之人食用；除此之外，黄牛肉还能安中益气、健脾养胃、强筋壮骨。

菜团子

菜肴简介

　　菜团子是将一种清香的蔬菜和肉馅拌在一起，然后做出丸子形状，入油内炸制或上笼蒸熟的一款菜肴，具有荤素搭配、营养均衡、口味独特的特点，最为突出的就是打破了传统炸肉丸子的做法，很符合当代人的饮食观念。

菜肴命名　主料加菜肴的形状

烹调方法　炸

菜肴原料　1．主料：茼蒿 400 克

2．辅料：猪五花肉 100 克、蛋清 1 个、

色拉油 2000 克

3．调料：盐 3 克、鸡粉 3 克

工艺流程 1．将茼蒿清洗干净，去掉叶子保留菜杆晾干表面水分，切成小丁

2．五花肉剁成肉馅，加盐、鸡粉、蛋清调好味

3．将切好的茼蒿丁放入调好的肉馅当中拌匀，然后制作成直径为 2.5 厘米的丸子形状

4．锅内放入色拉油加热到 180 度时，将丸子逐个下入油锅内炸制成熟即可装盘

菜肴特点 色泽翠绿、口味鲜咸、质地细嫩、造型美观、荤素搭配

制作要求 1．菜团子的形状

2．炸制菜团子时的油温

类似品种 混合面菜团子、玉米面菜团子、清蒸菜团子等

营养分析

营养成分 菜团子是一种十分健康的食品。肉类中富含脂肪、蛋白质，但缺少维生素和膳食纤维，在肉馅里加入新鲜的蔬菜正好可以弥补这一点。茼蒿中含有多种氨基酸、脂肪、蛋白质及较高含量的钠、钾等矿物盐，能调节体内水液代谢，通利小便，消除水肿。还可以养心安神、降压补脑，清血化痰，润肺补肝，防止记忆力减退。茼蒿中还含有一种挥发性的精油以及胆碱等物质，因此具有开胃健脾、降压补脑等功效。

咸蛋黄
小米豆腐

菜肴简介

　　此款菜肴是一道典型的养生菜肴，把内脂豆腐、金瓜和小米三种原料结合在一起长时间地熬制成一款半汤半菜的菜肴，既不流失营养成分，又具有一定的滋补作用。由于此菜易消化、易吸收，更是老年人食用的绝好佳品。

菜肴命名	主料、辅料同时体现在菜肴名称里
烹调方法	汆
菜肴原料	1．主料：内脂豆腐350克、金瓜200克
	2．辅料：小米30克、咸蛋黄15克、

蟹柳5克

3．调料：盐 3克、鸡粉3克

工艺流程 1．将咸蛋黄上笼蒸熟，剁碎，蟹柳也剁碎

2．金瓜蒸熟打成泥状

3．小米熬成粥备用

4．将咸蛋黄、金瓜泥放入锅中稍煸炒然后加入熬好的小米粥，加3克盐、3克鸡粉调好味

5．将内脂豆腐切成菱形块余水后放入小米粥里即可

菜肴特点 色泽金黄、口味鲜香、营养丰富，具有一定的滋补作用

制作要求 1．内脂豆腐一定要焯水去掉其苦涩的味道

2．熬制小米粥的浓度

类似品种 海参小米、小米金瓜粥等

营养分析

营养成分 咸蛋黄富含卵磷脂与不饱和脂肪酸，氨基酸等对人体重要的营养元素。小米的营养价值很高，含有蛋白质、脂肪及维生素。还含有一般粮食中不含有的胡萝卜素，维生素B_1的含量位居所有粮食之首。具有清热解渴、健脾和胃、补益虚损、和胃安眠等功效。金瓜不但味美可口，而且营养丰富，除了有人体所需要的多种维生素外，还含有易被人体吸收的磷、铁、钙等多种营养成分。

干炖羊肉

菜肴简介

  干炖羊肉是西部地区的一道家常炖菜，选用上等的羊前腿肉剁成均匀的块状，经过长时间的小火炖制，待汤汁全部熬干，使其充分入味成熟时，出锅撒上葱花即成。

菜肴命名 主料前加烹调方法

烹调方法 炖

菜肴原料 1. 主料：羊肉 750 克

    2. 调料：盐 8 克、葱花 20 克、姜片 10 克、花椒 6 克、辣椒 8 克、小茴香

5 克、酱油 20 克。

工艺流程 1. 将羊肉剁成 4 厘米的块状后放入锅内氽水，打去羊肉上的血沫

2. 放入葱、姜、辣椒、花椒、茴香再加适量的盐调好口，改大火烧开后倒入高压锅内炖 15 分钟捞出待用

3. 锅内放少许底油，下入葱花炝锅后放入炖好的羊肉再加入适量的汤汁煸炒，放入酱油调味上色，待汤汁浓稠时捞出装盘，上面撒上葱花即可

菜肴特点 色泽焦黄、口味咸鲜、肉质软烂焦香

制作要求 1. 羊肉氽水时一定要冷水下锅保证羊肉的嫩度与鲜度

2. 再次回锅时最好加炖羊肉的原汤汁，出锅时一定要撒上葱花增加香味。

类似品种 和林炖羊肉、鄂尔多斯干崩羊、干锅羊肉等

 营养分析

营养成分 羊肉中含有丰富的优质蛋白质，还含有多种矿物质，同时羊肉中还含有左旋肉碱，这是其他动物所不具有的，左旋肉碱有抑制人体癌细胞生成的作用。羊肉属于温里性食物，具有温补脾胃的作用，用于治疗脾胃虚寒所致的反胃、身体瘦弱、畏寒等症。也可降糖降脂，美容养颜，增强抵抗力。

干锅月牙骨

菜肴简介

　　干锅月牙骨是一道创新菜，月牙骨指的是动物的前腿夹心肉与扇面骨相连处的一块月牙形软组织（俗称" 脆骨"），它连着筒子骨、扇面骨，上面有一层薄薄的瘦肉，骨头为白色的脆骨，可以用于整烧、炖汤、斩小后作为下酒小菜。

菜肴命名　主料加上器皿

烹调方法　煸炒

菜肴原料　1．主料：月牙骨400克

　　　　　　2．辅料：杭椒150克、美人椒5克

3．调料：盐6克、酱油12克、醋10克、蒜末15克、蚝油15克

工艺流程 1．将月牙骨煮熟改刀成长5厘米、宽1厘米的条状待用

2．杭椒切滚刀块，美人椒切滚刀块待用

3．将月牙骨入油锅炸制后倒出，锅内留底油放入蒜末、杭椒、美人椒炝锅煸炒出香味后，放入炸好的月牙骨加少许水，再加入盐、醋、蚝油、酱油定口后改成大火迅速翻炒均匀，勾芡、淋明油出锅即可

菜肴特点 色泽红润、口味咸鲜微辣

制作要求 1．菜肴色泽最好保持蚝油的色彩

2．口味一定要突出微辣

类似品种 回锅月牙骨、干锅菜花、干锅娃娃菜等

营养分析

营养成分 月牙骨除了含有丰富的蛋白质和维生素外，还含有大量的磷酸钙、骨胶原、骨粘蛋白等，可为人体提供充足的钙质，女性吃了非常好。钙可以影响人体的骨质密度，较高的骨质密度可以保证绝经期和老年期具有较密致的骨质，从而减少骨折的概率，推迟骨质疏松的发生。

大蒜烧丸子

菜肴简介

　　大蒜烧丸子是一款创新菜，是将肥瘦相间的猪肉剁成肉末与鸡蛋、淀粉、盐、味精等搅拌均匀后，在油锅内炸至金黄捞出，再将炸后的丸子与用油炸好的大蒜一起加入高汤烧制而成。本菜味道鲜美，营养丰富，适合各类人群食用。

菜肴命名　主料加上辅料

烹调方法　烧

菜肴原料　1. 主料：猪后座肉 250 克

　　　　　2. 辅料：大蒜 100 克、鸡蛋 1 个、水

淀粉

3．调料：盐 3 克、番茄汁 10 克、白糖 2 克、东古酱油 3 克

工艺流程 1．将猪肉剁成末，加入鸡蛋、水淀粉、盐搅拌均匀后制成乒乓球大小的丸子入油锅炸制成熟捞出待用

2．将大蒜去蒂切好入油锅内炸至色泽金黄时捞出

3．锅内留少许底油，加番茄汁炒出香味后再加入白糖、东古酱油、高汤，下入炸好的丸子和大蒜，改用大火烧开，小火焖 5 分钟后收汁出锅即可

菜肴特点 色泽红亮、蒜香浓郁、酸甜适中，质地鲜嫩可口

制作要求 1．丸子的形状一定要保持大小一致

2．口味

类似品种 红烧丸子、醋溜丸子、四喜丸子等

 营养分析

营养成分 猪肉含有丰富的优质蛋白质和人体必需的脂肪酸，并提供血红素（有机铁）和促进铁吸收的半胱氨酸，能改善缺铁性贫血；具有补肾养血，滋阴润燥的功效；猪里脊肉含有丰富的优质蛋白，脂肪、胆固醇含量相对较少，一般人群都可食用。

小扒豆腐

　　小扒豆腐色泽美观，鲜香味浓。是以东北白豆腐为主要材料，改刀的大片挂上全蛋液在锅内用油小火煎至成熟的一款菜肴。豆腐作为食药兼备的食品，具有益气、补虚等多方面的功能。

菜肴命名 主料前加上烹调方法

烹调方法 煎、扒

菜肴原料

1. 主料：东北豆腐300克

2. 辅料：鸡蛋100克

3. 调料：香葱15克、盐6克、美人椒

5克、东古酱油3克、美极鲜酱油5克、水淀粉15克

工艺流程

1．将豆腐改刀成长4厘米、宽2厘米、厚0.3厘米的大片加少许盐腌制底口后均匀地码在盘子内待用

2．将2颗鸡蛋打入碗内搅拌成蛋液，将切好的豆腐均匀地裹上蛋液待用

3．取一小碗，碗内放入盐、美极鲜酱油、东古酱油，再添入适量的清水、水淀粉搅拌均匀兑成混汁待用

4．锅内加入25克色拉油烧至150摄氏度时下入裹好蛋液的豆腐，煎至两面金黄时，浇上兑好的混汁大翻勺出锅，撒上香葱花即可

菜肴特点 色泽金黄、口味咸鲜、质地软嫩

制作要求

1．色泽

2．口味

类似品种 锅塌豆腐、海鲜扒豆腐、虾仁煎豆腐等

营养分析

营养成分 豆腐中蛋白质含量丰富，营养价值较高；豆腐内含植物雌激素，能保护血管内皮细胞不被氧化破坏，常食可减轻血管系统的破坏，预防骨质疏松、乳腺癌和前列腺癌的发生，是更年期妇女的保护神；丰富的大豆卵磷脂有益于神经、血管、大脑的发育生长；大豆蛋白能恰到好处地降低血脂，保护血管细胞，预防心血管疾病。

小笨鸡炖土豆

菜肴简介

　　小笨鸡与土豆搭配会更有营养。炖出的鸡鲜香可人，油而不腻，色泽金黄，鸡肉有韧劲，越嚼越香。当然，小笨鸡也可和蘑菇、粉条或者胡萝卜搭配。

菜肴命名	主料、辅料加上烹调方法
烹调方法	炖
菜肴原料	1．主料：当年东北柴鸡 750 克
	2．辅料：土豆 500 克

3．调料：葱 5 克、姜 3 克、大料 1 粒、酱油 10 克、盐 5 克、色拉油 5 克

工艺流程 1．将带骨鸡腿斩成大块备用，土豆切滚刀块备用

2．锅内加入色拉油烧到 180 度时放入葱、姜、大料炒香，加入斩好的鸡块旺火煸炒至外焦里嫩时加入适量清水，烧开撇去浮沫，倒入高压锅内炖 30 分钟后把土豆块倒入再次炖 5 分钟即可出锅

菜肴特点 色泽金黄、鸡肉鲜香、土豆软糯

制作要求 1．口味

2．鸡肉炖制的时间

类似品种 小笨鸡炖蘑菇、小鸡炖豆角、小鸡炖粉条等

 营养分析

营养成分 鸡肉中蛋白质的含量比例较高、种类多，而且消化率高，很容易被人体吸收利用，有增强体力、强壮身体的作用。鸡肉含对人体生长发育有重要作用的磷脂类，是中国人膳食结构中脂肪和磷脂的重要来源之一。鸡肉对营养不良、畏寒怕冷、乏力疲劳、月经不调、贫血、虚弱等病症有很好的食疗作用。祖国医学认为，鸡肉有温中益气、补虚填精、健脾胃、活血脉、强筋骨的功效。

鱼子烧豆腐

菜肴简介

　　鱼子烧豆腐是以豆腐和鲜鱼子混合在一起，使用小火烧制成熟的一款菜肴，成菜特点是香味可口，令人回味无穷。

菜肴命名　主料、辅料加上烹调方法

烹调方法　烧

菜肴原料　1. 主料：东北豆腐 250 克

　　　　　　2. 辅料：鲜鱼子 150 克

3．调料：葱花 8 克、姜末 3 克、蒜末 5 克、东北大酱 10 克、红绿尖椒少许

工艺流程 1．将豆腐切成长为 2 厘米见方的丁，新鲜的鱼子上笼蒸 15 分钟备用

2．锅内加少许色拉油，依次放入葱花、姜末、东北大酱炒出香味，再加 150 克高汤，放入切好的豆腐和蒸好的鱼子慢火烧 3 至 5 分钟后放入蒜末，收汁出锅即可

菜肴特点 色泽红润、口味咸鲜、酱香味浓郁、质地软嫩

制作要求 1．口味

2．收汁

类似品种 鱼子豆腐煲、香葱干烧鱼子、鱼子烧冬瓜等

 营养分析

　　营养成分 鱼子烧豆腐是一道营养价值极高的菜肴，豆腐含有人体中最需要的必须氨基酸，鱼子含有卵清蛋白、球蛋白、卵类粘蛋白和鱼卵鳞蛋白等人体所需的营养成分，而且味道鲜美。因此，多吃鱼子不但有利于促进发育、增强体质、健脑，而且还可起到乌发的作用，使人焕发青春。

东北地三鲜

菜肴简介

　　东北地三鲜，是一道红烧的家常菜。地三鲜分别是土豆、茄子和辣椒，三种蔬菜炒在一起味道更佳，因此这道地三鲜也成了地地道道的名菜。此菜色泽油亮、鲜美爽口，具有止血、健脾、开胃等功效。

菜肴命名　主料加上地名

烹调方法　滑炒

菜肴原料　1．主料：土豆 200 克

　　　　　　2．辅料：圆茄子 200 克、绿尖椒 100

克

3.调料：盐4克、酱油3克、葱末3克、姜末3克、醋1克、水淀粉3克

工艺流程 1.将土豆、茄子、尖椒清洗干净分别切成滚刀块备用

2.锅内加油烧热至150摄氏度依次将切好的土豆、茄子炸至外表金黄色时捞出，同时把切好的尖椒用油烫一下断生备用

3.锅内留底油，放入葱姜煸炒出香味时再加入炸好的主料，依次加入盐、酱油、醋翻炒，待入味后用少许水淀粉勾薄芡出锅即可

菜肴特点 色泽金黄、口味咸香

制作要求 1.主辅料的搭配比例

2.炸制土豆和茄子的油温

3.菜肴色泽

类似品种 西红柿烧茄子、广式烧茄条、西北地三鲜等

营养分析

营养成分 茄子、土豆、辣椒三种蔬菜的营养价值都很高，但此菜里面的茄子和土豆均要经过过油，营养专家指出，洗过"油锅澡"，再健康的素菜也变得不健康。地三鲜虽然是素菜，但一过油，热量比肉还高。正所谓营养与味道不可兼得，建议大家少吃。

干豆腐烧尖椒

菜肴简介

　　干豆腐烧尖椒是北方的大众菜肴之一。由于北方盛产大豆，制作的干豆腐又薄又筋道，切成条或片，与尖辣椒一同烧制，用淀粉勾芡。绿黄相间，香辣适宜。

菜肴命名　主料、辅料加上地名

烹调方法　烧

菜肴原料　1. 主料：东北干豆腐 400 克

　　　　　　2. 辅料：猪肉片 10 克、绿尖椒 3 克

3．调料：葱末 5 克、盐、蒜片 3 克、高汤 150 克、酱油 5 克、水淀粉 5 克

工艺流程 1．将豆腐切成菱形片汆水去其生豆腐味

2．锅内留底油加热后放入猪肉片煸炒至成熟时放入葱花、蒜片、酱油、高汤，烧开后再放入切好的豆腐片烧 3 分钟，放入盐和酱油、尖椒，待汤汁浓稠时用水淀粉勾芡出锅即可

菜肴特点 色泽金黄、口味咸鲜清香、质地软嫩

制作要求 煸炒肉片一定要煸炒到位

类似品种 干豆腐炒尖椒、干豆腐炒肉片、干豆腐炒油菜等

营养分析

营养成分 干豆腐中含有丰富的蛋白质，而且豆腐蛋白属完全蛋白，含有人体必需的 8 种氨基酸，营养价值较高；其含有的卵磷脂可除掉附在血管壁上的胆固醇，防止血管硬化，预防心血管疾病，保护心脏；并含有多种矿物质，补充钙质，防止因缺钙引起的骨质疏松，促进骨骼发育，对小儿、老人的骨骼生长极为有利。

过桥茄子

此款菜肴是在传统酱烧茄子及炸茄盒的基础上创新的菜品，茄子通过改一字型花刀，再在剖好花刀的茄子里酿上肉馅使其能立住成为桥的形状而得名。

菜肴命名 主料加上形状

烹调方法 熘

菜肴原料
1. 主料：长紫茄子500克

2. 辅料：肉末100克

3. 调料：蚝油5克、东古酱油5克、白糖2克、老醋2克、葱末3克、姜

末3克、盐适量、水淀粉适量

工艺流程 1.把长紫茄子纵向切成两大片表面切成相连的夹刀待用

2.将肉馅加入盐、葱末、姜末调制入味搅拌均匀备用

3.将调好口的肉馅镶在剞好夹刀口的茄子内，在其表面拍一层薄薄的生粉待用

4.锅内加入1000克色拉油烧到180摄氏度时将酿好馅的茄子放到油锅内炸至外表酥脆、肉馅成熟时捞出放入盘中

5.锅内留少许底油，放蚝油、葱末、姜末炒出香味后加清水，再加入东古酱油、白糖、盐、老醋定口，烧开后勾玻璃芡浇在炸好的茄子上面即可

菜肴特点 色泽红润、鲜香适口、质地软糯

制作要求 1.刀工处理

2.炸制茄子的油温

类似品种 干炸茄盒、软炸茄盒、过桥豆腐、炸藕盒等

 营养分析

营养成分 此菜最大的特点就是将茄子和肉馅巧妙地结合起来，做到荤素搭配，茄子中的多种营养成分在肉馅的相伴下得到了保护和发挥，同时也极大地提高了菜肴的口感，外酥里嫩、鲜香适口，适合不同人群食用。

蒙式毛血旺

菜肴简介

　　此菜在川菜"毛血旺"的基础上进行了创新改进，大胆地尝试了南菜北做的烹调方法，用川菜毛血旺的调料配上内蒙古的羊杂碎可谓是一绝。和内蒙古当地的羊杂碎有其很大相似之处。

菜肴命名　主料前加上地域命名

烹调方法　汆

菜肴原料　1．主料：羊肚 150 克、腰花 15 克、羊血 150 克、羊肺 150 克、羊肝 150 克

2．辅料：豆芽 100 克

3．调料：郫县豆瓣酱30克、泡椒10克、辣椒段5克、花椒3克、葱3克、姜3克、蒜3克、白糖3克、盐少许

工艺流程

1．先将豆芽氽水，再加 2 克盐稍煸炒后放入器皿内备用

2．将毛肚、百叶、鸭血、黄喉、午餐肉氽水断生，捞出后装在放好豆芽的器皿内

3．锅内留底油，加热后依次放入辣椒、花椒、郫县豆瓣酱、泡椒，煸炒出香味后加清水 400 克待用

4．用漏勺把调料渣去掉，原汤煮 2 分钟后勾薄芡倒入装有主料的器皿内

5．锅内留底油烧热，加入花椒、辣椒炝出麻辣味后浇在煮好的原料上，撒上葱花即可

菜肴特点 色泽红润、口味麻辣咸香、质地脆嫩、麻辣刺激

制作要求 掌握好味型，在突出麻辣的基础上，增加咸香味

类似品种 毛血旺、水煮鱼、铜锅羊杂等

营养分析

营养成分 鲜羊内脏含有蛋白质、脂肪、磷、铁、多种维生素、钙、糖、尼克酸等。具有补肝肾、健脾胃的功效。尤其是羊肝中含铁丰富，铁是产生红血球必需的元素，一旦缺乏便会感觉疲倦、面色青白，适量进食羊肝可使皮肤红润。羊肝中富含维生素 B_2，能促进身体的代谢。还含有丰富的维生素 A，可预防夜盲症和视力减退，有助于对多种眼病的治疗。

羊头捣蒜

菜肴简介

　　羊头捣蒜精选羊头中最鲜美的肉，经过厨师精心烹制，放置在羊头骨中间，蘸着蒜香扑鼻的小料，不但味道让人无法忘怀，羊头骨更是充满了江湖的味道，能助酒兴。

菜肴命名　主料前加上辅料

烹调方法　煮

菜肴原料　1．主料：去毛羊头1500克

　　　　　　2．辅料：腊八蒜20瓣

　　　　　　3．调料：葱10克、姜10克、醋10

克、蒜5克、酱油10克、盐20克、茴香5克、花椒5
克、辣椒5克

工艺流程 1．将羊头上火烧掉余毛，洗净待用

2．羊头放入白卤水中卤制1.5小时（卤水：盐20克、
葱10克、姜10克、茴香5克、花椒5克、辣椒5克）

3．把煮熟的羊头去皮，头部斩成两瓣，把羊头里
面的肉掏出切块，然后码入到掏空的羊头中

4．取一小碟，将醋和蒜末搅拌均匀，再带上一小
碟腊八蒜即可

菜肴特点 口味咸鲜、质地软烂、造型美观

制作要求 1．煮制羊头的时间

2．羊头造型

类似品种 爆炒羊头、腊八蒜炒羊头、羊头炒土豆条等

 营养分析

　　营养成分 羊头营养丰富，历来为人所喜食。如在全羊
席中，用羊头的不同部位做主料的菜肴就有18种之多。羊
脑营养丰富，含蛋白质、脂肪、钙、铁、磷及维生素，能
补虚养肝、味甘、性温、善治头痛，祛风邪上痛。大蒜有
祛腥解腻的作用，同时大蒜中的大蒜素能有效地杀死人体
肠道中的各种细菌和蛔虫，有肠胃的"清道夫"
之称。大蒜与羊头二者有效地结合，更加体
现了地方风味的特色。

金汤栗子白菜

菜肴简介

　　金汤栗子白菜色泽鲜艳，味香适口。将娃娃菜去根去帮，一破两半，切成7厘米长、1厘米宽的白菜条（菜根处要竖着切几刀使整个菜心相连），每个栗子上用剪刀剪一个十字小口，放入锅内煮熟。再将南瓜打成汁和白菜、栗子加在一起共同放入锅中，加上调味品氽至成熟。

菜肴命名　　主料加上辅料

烹调方法　　氽

菜肴原料　　1．主料：娃娃菜350克

2．辅料：板栗100克、南瓜150克

3．调料：盐5克、鸡粉5克、鸡油5克、胡椒1克

工艺流程 1．将娃娃菜、板栗汆水后摆入带有酒精的明炉中待用

2．将事先熬好的鸡汤加盐5克、鸡粉5克、鸡油5克、胡椒1克，再加入南瓜泥调制成黄金鲜汤

3．将调好的黄金鲜汤浇在娃娃菜上，点燃酒精炉即可上桌

菜肴特点 色泽鲜艳、味香适口、汤鲜味美

制作要求 兑制黄金鲜汤要突出鸡肉的鲜味

类似品种 上汤娃娃菜、金汤烧栗子、金汤冬瓜等

  营养分析

营养成分 白菜中的维生素 K 对体内凝血所需的糖蛋白有重要的作用，同时也是制造、保持人体组织健康所需要的重要营养。

栗子，又名板栗，不仅含有大量淀粉，而且含有蛋白质、脂肪、B 族维生素等多种营养，素有"干果之王"的美称。栗子可代粮，与枣、柿子并称为"铁杆庄稼""木本粮食"，是一种价廉物美、富有营养的滋补品。

蒙古烤羊背

菜肴简介

烤羊背选用上好的绵羊脊背，运用传统烹饪手法，配以数十种佐料，精工细作，是草原筵席中的极品。

菜肴命名 主料前加上地域及烹调方法命名

烹调方法 烤

菜肴原料 1．主料：羊背7500克

2．辅料：红萝卜150克、葱头100克、芹菜100克

3．调料：盐30克、胡椒3克、辣椒8克、孜然5克、酱油50克、花椒5克、

茴香5克、料酒100克，葱段、姜片各200克

工艺流程　1．将羊背去边修理后整齐放入烤盘中，底部铺上切好的胡萝卜片、芹菜段、洋葱、葱段、姜片

2．锅内加适量的清水烧热后放入酱油、胡椒、辣椒、花椒、茴香、孜然、料酒、盐调制成咸鲜汤汁备用

3．将调制好的咸鲜汤汁倒入放有羊背的烤盘中腌制30分钟

4．将烤盘放入烤箱内，上火调到220摄氏度，下火调到280摄氏度烤制50分钟，翻过另一面再次烤制30分钟即可，上桌时加以点缀并配辅料荷叶饼、蒜蓉辣酱及葱丝等

菜肴特点　色泽金黄、口味各异、外脆里嫩

制作要求　1．调制烤羊背的咸鲜汤汁

2．烤制羊背的时间、火候

类似品种　传统烤羊腿、风味烤牛排、蒙古烤羊排等

营养分析

营养成分　羊肉脂肪中胆固醇含量低，对肺结核、气管炎、贫血、产后和病后气血两虚患者有益。羊肉的热量高于牛肉，铁的含量是猪肉的6倍，对促进人体造血有显著功效，是冬令最佳补品。在羊肉中，特别是羊肝中，含有丰富的维生素A，含量高达37000个国际单位，是猪肝和牛肝的2至3倍，故对夜盲症有良好的防治作用。

烤羊腿

菜肴简介

　　烤羊腿是蒙古族招待宾客的一道名菜，是从烤全羊中演变而来的。经过发展，在羊腿的烘烤过程中逐步增加了各种配料和调味品，使其色美、肉香、外焦、内嫩、干酥不腻，被人们赞为"眼未见其物，香味已扑鼻"。

菜肴命名 主料前加上烹调方法命名

烹调方法 烤

菜肴原料 1. 主料：羊后腿 1500 克

2. 辅料：红萝卜100克、葱头100克、芹菜100克

3. 调料：盐25克、胡椒3克、辣椒

8克、孜然5克、酱油50克、花椒5克、茴香5克、料酒100克，葱段、姜片各100克

工艺流程

1. 将羊后腿修理整齐放入烤盘当中，底部铺上切好的胡萝卜片、芹菜段、洋葱、葱段、姜片

2. 锅内加适量的清水烧热后放入酱油、胡椒、辣椒、花椒、茴香、孜然、料酒、盐调制成咸鲜汤备用

3. 将调制好的咸鲜汤倒入放有羊腿的烤盘中腌制30分钟

4. 将烤盘放入烤箱内，上火调到220摄氏度，下火调到280摄氏度烤制50分钟，翻过另一面再次烤制30分钟即可，上桌时加以点缀并配辅料荷叶饼、蒜蓉辣酱及葱丝等

菜肴特点 色泽金黄、口味各异、外脆里嫩

制作要求

1. 调制烤羊腿的咸鲜汤

2. 烤制羊腿的时间、火候

类似品种 传统烤羊肉、风味烤牛排、蒙古烤羊排等

 营养分析

营养成分 羊腿的肉质细嫩，容易消化，高蛋白、低脂肪、含磷脂多，较猪肉和牛肉的脂肪含量都要少，胆固醇含量少，是冬季防寒温补的美味之一。羊腿肉性温味甘，既可食补又可食疗，为优良的强壮祛疾食品，有益气补虚、温中暖下、补肾壮阳、生肌健力、抵御风寒之功效。

腌猪肉
山药芥芥

菜肴简介

　　此菜是内蒙古西部地区的一道民间特色菜肴，将腌猪肉和土豆相结合，再用炒的方法将其烹制成熟，其味道独特，口感绝佳，荤素搭配，油而不腻，是当地老百姓非常喜欢的一道佳肴。

菜肴命名　主料加上辅料

烹调方法　焖

菜肴原料　1．主料：土豆600克、腌猪肉60克

　　　　　　2．辅料：胡萝卜50克、西红柿25克、香葱段15克

　　　　　　3．调料：盐5克、陈醋10克、东古酱油

15克、老抽少许、猪大油15克，葱末、蒜片适量

工艺流程

1．将腌制好的猪肉切成长4厘米、宽0.8厘米的条，汆水至成熟待用

2．土豆去皮洗净，切成长6厘米、宽0.6厘米的细条，胡萝卜去皮洗净也切细条，西红柿用开水烫一下去皮后剁成西红柿酱待用

3．锅内加猪大油放入切好的腌猪肉稍煸炒，下入葱、蒜等调味料炝锅，放入西红柿酱再次煸炒出香味后放入切好的土豆条、胡萝卜条再加入适量的清水，放入盐、东古酱油、老抽调好味加盖焖5分钟后翻炒均匀，再撒上香葱拌匀出锅即可

菜肴特点 口味咸鲜、土豆软糯鲜香

制作要求

1．汤汁与主、辅料的比例

2．焖制的时间一定要让土豆充分入味

类似品种 牛肉焖土豆条、山药炒肉片、猪肉炖山药等

营养分析

营养成分 猪肉滋阴润燥、补中益气。此菜功效为补肾益精，润养血脉。适用于脾肾虚弱、肤发枯燥、肺虚燥咳等症。猪瘦肉含有较丰富的锌，有助于增强人体免疫功能。山药有促进白细胞吞噬的功能，两者相辅相成，久食能提高人体的抗病能力，健康延寿。

腌猪肉炒饼

菜肴简介

　　此菜是内蒙古西部地区的一道民间特色菜肴,将腌猪肉和内蒙古特产炒饼相结合,再用炒的方法将其烹制成熟,其味道独特,口感绝佳,荤素搭配,油而不腻,是当地老百姓非常喜欢的一道佳肴。

菜肴命名 主料加上辅料及烹调方法

烹调方法 炒

菜肴原料 1. 主料:白皮饼 600 克、腌猪肉 80 克

2．辅料：扁豆角60克、黄豆芽60克、土豆60克、西红柿酱15克

3．调料：盐4克、东古酱油10克、陈醋8克、花椒面3克、干姜面3克、大料面3克，葱、姜、蒜各10克，胡麻油10克、川椒段5克

工艺流程

1．将白皮饼切成长10厘米、宽0.5厘米的细条待用，腌猪肉同样也切成细条待用

2．扁豆去其头尾部，切成长5厘米、宽0.4厘米的丝，黄豆芽汆水至熟，土豆切成长5厘米、宽0.4厘米的丝过油至熟待用

3．锅内加入胡麻油烧热，依次放入腌猪肉、葱末、姜末、蒜末、花椒面、干姜面、大料面、川椒段炝锅，再加入西红柿酱一起煸炒出香味，然后放入切好的土豆丝、黄豆芽再加入盐、东古酱油、陈醋，再加少许清水，放入切好的白皮饼条盖上锅盖焖3分钟后快速搅拌均匀即可出锅

菜肴特点 口味咸鲜、质地干香软糯

制作要求 1．主辅料的比例

2．调味料的投放顺序

类似品种 家常炒饼、回勺面、排骨焖面等

营养分析

　　营养成分　猪肉滋阴润燥、补中益气。此菜功效为补肾益精，润养血脉。适用于脾肾虚弱、肤发枯燥、肺虚燥咳等症。猪瘦肉含有较丰富的锌，有助于增强人体的免疫功能。山药有促进白细胞的吞噬功能，两者相辅相成，久食能提高人体抗病能力，健康延寿。

工夫鱼

　　此菜为一道民间菜肴，其主要原料是鲤鱼加农村豆腐，将它们经过小火长时间炖制而成，成菜特点是肉质鲜美、味香醇厚，是动物优质蛋白和植物优质蛋白的最完美组合，有效地增加了蛋白质的互补作用。

菜肴命名 主料加上烹调方法

烹调方法 炖

菜肴原料 1．主料：鲤鱼 1500 克

2．辅料：农村豆腐 450 克、猪五花肉

300 克

3．调料：盐 15 克、山西陈醋 300 克、东古酱油
100 克、葱段 20 克、蒜米 15 克、托县大辣椒 2 个、
番茄酱 20 克，大料、花椒、茴香各少许

工艺流程 1．将鲤鱼宰杀去鳞、去腮、去内脏洗净，在鱼的
两面各改一字花刀待用

2．猪五花肉切成片状，豆腐切成长 6 厘米、宽 5
厘米、厚 1.5 厘米的片状待用

3．锅内加猪油烧热后放入五花肉煸炒至出油时放
入葱、姜、蒜、大料、茴香、花椒、番茄酱、大辣
椒炝锅，待炝出香味后，放入醋、东古酱油，加入
清水 5 勺，再放盐定口，烧开后放入鲤鱼和豆腐炖
至 45 分钟充分入味

4．出锅之前，把炖好的鲤鱼捞出装盘，用密漏将
炖鱼的原汤里的调料渣捞出，再用手勺将鱼汤淋在
装好的鱼身上即可

菜肴特点 色泽红润、口味咸鲜、质地细嫩

制作要求 1．用猪油炝锅一定要把调味品的香味炝炒出来

2．炖鱼的时间

类似品种 托县炖鲤鱼、家常炖鲤鱼、鱼头炖豆腐等

营养分析

    营养成分 鱼不但味道鲜美，而且营养价值极高。其蛋白质含量为猪肉的2倍，且属于优质蛋白，人体吸收率高。鱼中含丰富的硫胺素、核黄素、尼克酸、维生素D和一定量的钙、磷、铁等矿物质。鱼肉中脂肪含量虽低，但其中的脂肪酸被证实有降糖、护心和防癌的作用。鱼肉中的维生素D、钙、磷能有效地预防骨质疏松症。祖国医学认为食鱼要讲究对症，对症吃鱼，它的食用和医用价值才能显现出来。

家常炖羊肉

菜肴简介

    家常炖羊肉是西北和华北（青海、新疆、内蒙古、宁夏、陕北等地）各民族喜爱的特色小吃。清炖羊肉肉色白嫩，汤色清亮，最大限度地保留了羊肉独有的鲜香，是不可多得的人间美味。

（菜肴命名）主料加上味型及烹调方法

（烹调方法）炖

（菜肴原料）1. 主料：羊肉 1000 克

             2. 辅料：土豆 500 克、中宽粉条 300

克

3.调料：盐 10 克、葱段 5 克、姜片 5 克、花椒少许、干姜面少许

工艺流程 1.将羊肉改刀成长 5 厘米、宽 5 厘米的块状待用

2.土豆改刀成滚刀块，宽粉条切成 15 厘米待用

3.将羊肉冷水入锅，待慢慢烧开后撇去血沫，放入盐、葱、姜、花椒、干姜面炖 40 分钟后再放入土豆炖 20 分钟，再放入切好的中宽粉条炖 3 分钟后待粉条软糯时，撒上少许葱花出锅装盘即可

菜肴特点 口味咸鲜、质地软烂浓香

制作要求 1.羊肉要冷水入锅，撇去血沫后再依次加入调味品

2.把握好炖的时间

类似品种 和林炖羊肉、焖羊肉、家常炖牛肉等

营养分析

营养成分 家常炖羊肉肉质细嫩，容易消化，高蛋白、低脂肪、含磷脂多，较猪肉和牛肉的脂肪含量都要少，胆固醇含量少。土豆、中宽粉都是老百姓餐桌上最常见的，含有丰富的维生素 A、维生素 C、淀粉酶、氧化酶、锰等。

雪菜蒸黄鱼

菜肴简介

　　雪菜蒸黄鱼是一道家常菜，做法非常简单，原料就是采用黄鱼，先将黄鱼用调味品腌制后，再加入雪菜上笼蒸熟即成。雪菜和黄鱼都是非常滋补的食物，将两者结合，起到了养生的作用。

菜肴命名 主、辅料加上烹调方法

烹调方法 蒸

菜肴原料 1. 主料：黄鱼1条400克

2. 辅料：雪菜100克

3. 调料：葱段3克、姜片3克、料酒3克、蒸鱼豉油3克、葱丝2克、红

椒丝2克、盐3克、葱丝2克、姜丝2克、香菜段1克

工艺流程 1．将黄鱼去腮、去鳞、去内脏洗净待用

2．将黄鱼两面剞上花刀

3．用盐和料酒及少许姜片均匀地抹在鱼身上腌制30分钟

4．将腌制好的鱼放在盘子中，上面放上清洗好的雪菜。同时放上葱段、姜片入笼蒸8至10分钟

5．取出蒸好的鱼，把上面的葱段、姜片捡掉后再放入豉油均匀地倒在鱼和雪菜上，上面放上切好的葱丝、姜丝、红椒丝、香菜段

6．炒锅上火，加入300克调料油烧热后浇在葱丝和鱼身上即可

菜肴特点 口味咸鲜，肉质细嫩

制作要求 1．鱼腌制的时间

2．蒸鱼的时间

类似品种 豉汁多宝鱼、清蒸鳜鱼、豉油蒸鲈鱼等

  营养分析

营养成分 雪菜蒸黄鱼的营养价值非常丰富，功效和作用在于能补充我们人体需要的多种微量元素，能提高人体的免疫力，能起到利尿的效果，还能治疗关节痛和跌打损伤。

金米烩丸子

菜肴简介

　　金米烩丸子可谓是冬季食材中的一道美食，用当地的小香米和猪肉丸子结合在一起做菜。荤素搭配，营养均衡，尤其冬季在北方西部地区几乎家家都会烩上一些，是家常美味，味道独特，便于消化吸收，是老年人和儿童的最佳选择。

菜肴命名　主、辅料加上烹调方法

烹调方法　烩

菜肴原料　1. 主料：猪五花肉 400 克

　　　　　　　2. 辅料：清水河小米 200 克

3．调料：盐 5 克、咸蛋黄 2 颗、鸡蛋清 1 个、金瓜泥 5 克、生菜叶末 5 克

工艺流程 1．选用三成肥七成瘦的五花肉剁成馅，加一个鸡蛋清、盐上浆搅拌均匀备用

2．锅内加清水慢慢烧热，将拌好的五花肉馅制成直径为 1 厘米的肉丸子，逐个放入烧热的水中，慢慢加热，直到成熟后捞出

3．将咸蛋黄上笼蒸熟剁碎备用，金瓜蒸熟捣成泥茸状备用

4．另取一锅加清水，放入洗好的小米煮成熟后依次加入盐、咸蛋黄、金瓜泥以及汆好的丸子，烧开后出锅撒上生菜叶装入特定的器皿中即可

菜肴特点 色泽金黄、口味咸鲜、汤汁浓香、口感润滑、质地软糯

制作要求 1．主、辅料的比例

2．汆丸子的水温

类似品种 小米辽参、红烧丸子、白菜烩丸子等

 营养分析

营养成分 小米富含维生素 B_1、维生素 B_2 等，还具有防止消化不良及口角生疮的功能，加藜麦、红枣等一起熬，营养更全面。小米因含有多种维生素、氨基酸、脂肪和碳水化合物，营养价值较高。因此，小米熬粥有"代参汤"之美称。

松仁玉米

菜肴简介

　　松仁玉米是一道传统名菜，玉米中含有大量的钙质，还有丰富的卵磷脂和维生素 E 等。这些物质有降低胆固醇、防止细胞衰老以及减缓脑功能退化等功效。

菜肴命名　主、辅料同时体现在菜肴名称里

烹调方法　炒

菜肴原料　1. 主料：玉米粒 400 克

　　　　　　　2. 辅料：松仁 10 克、胡萝卜丁 5 克、

黄瓜丁 5 克

3．调料：盐 2 克、白糖 15 克、橙汁 5 克

工艺流程 1．将松仁用 150 摄氏度的色拉油炸到色泽金黄时捞出待用

2．黄瓜丁、胡萝卜丁余水后捞出备用

3．锅上火加 50 克清水，加入白糖、盐和橙汁调好口，放入余好水的玉米粒和黄瓜丁、胡萝卜丁，改用大火烧开，小火收汁，待汤汁浓稠时出锅装盘，在其表面上撒上事先炸好的松仁即可

菜肴特点 色泽金黄、口味甜香、质地脆嫩

制作要求 口味要突出甜香，最主要的是突出玉米粒原有的味道

类似品种 黄金玉米粒、玉米粒炒虾仁等

 营养分析

营养成分 松仁中富含不饱和脂肪酸，能降低血脂，预防心血管疾病；玉米中的纤维素含量很高，具有刺激胃肠蠕动、加速粪便排泄的特性，可防治便秘、肠炎、肠癌等。玉米中含有的维生素 E 则有促进细胞分裂、延缓衰老、降低血清胆固醇、防止皮肤病变的功能，玉米中含有的黄体素、玉米黄质可以对抗眼睛老化，此外，多吃玉米还能抑制抗癌药物对人体的副作用，刺激大脑细胞，增强人的脑力和记忆力。

红焖猪棒骨

此菜是一道地道的北方民间菜肴，选用猪棒骨加上兑制好的红卤水用小火长时间焖至成熟。成菜特点是色泽红润，口感软糯鲜香，是冬季北方民间招待宾客最好的一款菜肴。

菜肴命名 主料加上烹调方法

烹调方法 焖

菜肴原料 1．主料：猪棒骨 1500 克

2．调料：盐 8 克、东古酱油 5 克、白糖 3 克、葱块 5 克、姜片 3 克、八角 1 粒、

桂皮 2 克、花椒 2 克、肉蔻 2 克、红烧酱汁 5 克

工艺流程　1. 将猪棒骨从中间剁开，一分为二，锅内加入清水烧开，将剁好的猪棒骨氽水待用

2. 高压锅加入适量的清水，把猪棒骨放入当中，依次加入葱块、姜片、八角、花椒、肉蔻、桂皮、盐，大火烧开后转小火焖 18 分钟，冷却后捞出棒骨备用

3. 锅内留底油，放入剩余的葱段、姜片炝锅，再加入红烧酱汁和东古酱油、白糖，再放入煮好的猪棒骨、高汤一起烧 5 分钟，收汁装盘即可

菜肴特点　色泽褐红、口味咸香、质地软烂

制作要求　1. 猪棒骨在高压锅内煮的时间

2. 色泽

类似品种　红烧排骨、红焖牛棒骨、红焖牛尾等

营养分析

营养成分　猪骨除含蛋白质、脂肪、维生素外，还含有大量磷酸钙、骨胶原、骨黏蛋白等。猪大骨头壮腰膝、益力气、补虚弱、强筋骨、止泻健胃补骨。

食用禁忌　感冒发热期间、急性肠道炎感染者忌食。骨折初期不宜饮用排骨汤，中期可少量进食，后期饮用可达到很好的食疗效果。

嘎巴锅
排骨地瓜

菜肴简介

菜肴简介

　　排骨炖地瓜是以排骨为主要食材的家常菜，配以地瓜一起炖煮，味道鲜美，营养价值丰富。

菜肴命名　主、辅料加上特殊的器皿

烹调方法　焖

菜肴原料　1. 主料：地瓜 500 克

2. 辅料：猪肋排 400 克

3. 调料：葱段 5 克、姜片 3 克、八角 1 粒、良姜 2 克、桂皮 2 克、白芷 1 克、蚝油 3 克、辣妹子酱 2 克、盐 2 克、

红烧酱汁 3 克、东古酱油 2 克

工艺流程　1. 将猪肋排斩成寸段，地瓜切成大滚刀块备用

2. 将猪肋排氽水待用

3. 锅内放入 50 克色拉油烧热后放入上述所有的调味料煸炒出香味，然后放入猪肋排和切好的地瓜爆炒上色

4. 将炒好的猪肋排和地瓜放入高压锅中，倒入1500 克清水后盖上锅盖，大火焖 8 分钟后放气，打开锅盖捞出主料装盘即可

菜肴特点　色泽酱红、口味咸香、口感软糯、营养丰富

制作要求　1. 用料的比例

2. 焖制的时间和主料的色泽

类似品种　酱烧排骨、糖醋排骨、红烧排骨等

营养分析

　　营养成分　猪排骨能提供人体必需的优质蛋白质、脂肪，尤其是丰富的钙质可维护骨骼健康；具有滋阴润燥、益精补血的功效，适宜于气血不足、阴虚纳差者。红薯含有独特的生物类黄酮成分，既防癌又益寿，还能有效抑制乳腺癌和结肠癌的发生。并且红薯对人体器官粘膜有特殊的保护作用，可抑制胆固醇的沉积，保持血管弹性，防止肝肾中的结缔组织萎缩，防止胶原病的发生。同时它还是一种理想的减肥食品。因为其富含膳食纤维，而具有阻止糖分转化为脂肪的特殊功能。

排骨炖豆角

菜肴简介

　　此菜品常见于内蒙古东部区，是一道家喻户晓的农家菜，利用自家养殖猪的排骨为主料，再配上自己种植的绿色新鲜蔬菜豆角，经小火加热制熟，营养丰富，家庭风味浓郁，现已搬上宴席的餐桌，深受众多食者的好评。

菜肴命名　根据烹调方法和原料来定名

烹调方法　炖

菜肴原料　1. 主料：猪排骨450克

2．配料：豆角300克

3．调料：盐7克、葱段10克、姜片8克、八角5克、料酒15克、猪油50克、老抽10克

工艺流程 1．将排骨洗净，剁成3厘米长的段，焯水后捞出，豆角去掉筋切成3厘米的段

2．炒锅上火，加入猪油烧热，放入葱、姜、八角炝锅，再放入排骨煸炒，加入老抽、料酒、盐，呈金红色时加入高汤4000克，小火炖30分钟，再加入豆角炖熟即成，去掉葱、姜、八角，装入汤盆内即可

菜肴特点 色泽红绿、口味鲜咸、质感软烂、风味浓郁

制作要求 1．刀工处理要均匀

2．炖时要用小火

类似品种 排骨炖土豆、排骨炖豆腐、排骨炖萝卜等

 营养分析

营养成分 排骨含丰富的动物性蛋白质，宜于人体消化吸收，可增强人体免疫力，调节生理功能，修补组织增进健康，而豆角含有丰富的维生素和矿物质，能延年益寿。

嘎吧锅
鸡翅炖红薯

菜肴简介

　　此菜品常见于内蒙古东部区，是一道近年创新的农家菜品，以自家养殖鸡的鸡翅为主料，再配上红薯，经小火加热制熟，营养丰富，家庭风味浓郁，现已搬上宴席的餐桌，适合妇女、儿童食用。

菜肴命名 根据盛装器皿和原料来定名

烹调方法 炖

菜肴原料 1. 主料：鸡翅450克

2. 配料：红薯400克

3．调料：盐6克、辣妹子酱5克、葱段10克、姜片8克、八角3克、良姜3克、白芷3克、料酒15克、蚝油10克、老抽6克、色拉油100克

工艺流程 1．将鸡翅洗净从自然关节切成三段，焯水后捞出，红薯去皮切成小滚刀块

2．炒锅上火，加入色拉油烧热，放入葱、姜、八角、良姜、白芷炝锅，再放入鸡翅煸炒，加入老抽、料酒、盐、蚝油、辣妹子酱，呈金红色时加入高汤400克，小火炖10分钟，再加入红薯炖熟即成，去掉葱、姜、八角、良姜、白芷，装入汤盆内即可

菜肴特点 色泽金红、口味鲜咸微甜、质感软烂、风味浓郁

制作要求 1．选用嫩鸡翅

2．刀工处理要均匀

3．炖时要用小火

4．老鸡翅可用高压锅炖10分钟

类似品种 排骨炖土豆、排骨炖豆腐、排骨炖萝卜等

 营养分析

营养成分 鸡翅含丰富的动物性蛋白质，宜于人体消化吸收，可增强人体免疫力，调节生理功能，修补组织增进健康，而红薯含有的淀粉可增加人体的温度和能量。

老家熘肉段

菜肴简介

　　此菜起源于民间家庭制作的风味菜品，利用当地的土特产原料经精细的加工烹制而成，不但营养丰富，而且美味绿色，制作的关键是用旺火快速烹制，从而达到外焦里嫩、风味独特。

菜肴命名　根据烹调方法和原料及形状来定名

烹调方法　熘

菜肴原料　1. 主料：猪里脊肉250克

　　　　　　　2. 配料：红、绿尖椒各50克

　　　　　　　3. 调料：盐5克、白糖1克、醋3克、

生抽5克、胡椒粉3克、葱花5克、姜末5克、生粉150克、色拉油1000克

工艺流程 1. 将里脊肉切成长4厘米，宽、厚都为1厘米的段，红、绿尖椒也切成段，生粉放入盆内加入凉水、色拉油调成水粉糊，再将盐、白糖、醋、生抽、胡椒粉、生粉放入碗内兑成调味芡汁

2. 锅内放入色拉油上火烧热至六成热油温，再将里脊肉段逐个挂上水粉糊下入油中炸熟捞出，锅内留底油10克，用葱花、姜末炝锅，下入红、绿尖椒翻炒，再下入炸好的肉段边翻炒边淋入兑好的调味芡汁，淋明油装盘即成

菜肴特点 色泽美观、口味鲜咸、外焦里嫩

制作要求 1. 水粉糊不要调得太稀

2. 油温保持在六成热

3. 加热时间短

类似品种 老家熘鱼段、老家熘鸡段等

营养分析

营养成分 猪瘦肉含丰富的动物性蛋白质，宜于人体消化吸收，能增强人体免疫力、调节生理功能、修补组织增进健康、延年益寿。

东北杀猪菜

　　此菜是起源于内蒙古东部地区的民间家庭菜，相传是当地居民每年在杀猪的这一天用来招待杀猪屠夫和亲朋好友吃的菜品，一直流传至今，经改良后现已搬到宴会的餐桌，民族风味独特，深受众多食者的好评。

菜肴命名　根据地名和原料及特色来定名

烹调方法　炖

菜肴原料　1. 主料：东北酸菜 400 克、熟猪五花肉 200 克

2．配料：猪血肠 150 克、冻豆腐 150 克

工艺流程　1．将酸菜切成 0.3 厘米粗的丝洗净。猪五花肉切成厚 0.2 厘米、长 6 厘米、宽 4 厘米的大薄片，冻豆腐也切成相应的片，猪血肠切成 0.3 厘米厚的片

2．取一个砂锅，先放入鸡汤、盐、八角，再放入酸菜、冻豆腐，上面整齐地摆上猪五花肉和猪血肠，再撒上葱、姜丝，上火炖 15 分钟即成

菜肴特点　色泽自然、口味鲜咸微酸、质感嫩脆、风味独特、造型美观

制作要求　1．酸菜要洗净

2．用小火炖

类似品种　砂锅酸菜、什锦酸菜等

 营养分析

　营养成分　此菜由多种原料组成，尤其是猪血中含有丰富的铁，营养更加全面丰富，既可修补组织，又可调节生理机能，增加人体免疫力，有利于人体健康，能延年益寿。

红烧肉炖
干豆角粉条

菜肴简介

　　炖菜是内蒙古东北地区家喻户晓的民间风味菜品，在继承和发扬传统制作工艺的基础上，由民间传入各大宾馆、酒店，经广大厨师大胆的改革和创新，利用当地的土特产原料，引进新兴的调味品，创新出的美味佳肴。

菜肴命名　根据烹调方法和原料来定名

烹调方法　炖

菜肴原料　1. 主料：猪五花肉 400 克

　　　　　　　2. 配料：干豆角 100 克、粉条 100 克

3. 调料：盐 7 克、白糖 15 克、酱油 10 克、八角 3 克、桂皮 2 克，葱段、姜片各 10 克，猪油 10 克

工艺流程　1. 将猪五花肉切成 1.5 厘米见方的块焯水，干豆角、粉条放入盆内用温水泡软

2. 锅内放入猪油上火，下入白糖炒至金黄色时下入猪五花肉煸炒上色，再加入盐、酱油、八角、桂皮、葱、姜和高汤烧开去掉浮沫，小火炖 20 分钟再放入干豆角、粉条炖 10 分钟即成

菜肴特点　色泽自然、口味鲜咸、质感软烂、风味独特

制作要求　1. 猪肉上色时用小火

2. 掌握好加热时间

类似品种　猪肉炖粉条、猪肉炖土豆、猪肉炖豆腐等

 营养分析

　　营养成分　猪肉含丰富的动物蛋白质，宜于人体消化吸收，可增强人体免疫力，调节生理功能，修补组织增进健康，而干豆角含有丰富的矿物质，可延年益寿。

黄蘑炖土豆

阿尔山黄蘑是统属于贺兰山山脉的菌类，又称贺蘑。它不但风味独特、肉质细腻、香味浓郁，而且营养丰富，药用价值和功效独特，再配上土豆、白菜，营养更加全面，具有养颜润肤之功效，口味清淡，老少咸宜。

菜肴命名　根据烹调方法和原料来定名

烹调方法　炖

菜肴原料　1. 主料：水发阿尔山野生黄蘑 150 克

2. 配料：土豆 400 克、小白菜 100 克

3. 调料：盐 7 克，葱花、姜末各 10 克，高汤 1500 克、料油 50 克

工艺流程 1. 将水发黄蘑摘洗干净，土豆去皮切成 1 厘米的小丁，小白菜切 2 厘米的段

2. 炖锅上火，加入高汤烧开，下入土豆、黄蘑、盐、葱花、姜末，小火炖 10 分钟，再放入小白菜炖 2 分钟，加入料油即成

菜肴特点 色泽自然、口味鲜咸、质感软烂、清淡爽口、营养丰富

制作要求 1. 炖时用小火

2. 掌握好加热时间

类似品种 黄蘑炖小聚、黄蘑炖豆角、黄蘑炖红薯等

 ## 营养分析

营养成分 黄蘑是草原上特有的野生蘑菇，每年当雨季过后，草原上就会冒出很肥美的野生黄蘑，这种蘑菇表皮的样子和鸡皮相似，因此当地人取名为黄蘑。味道特别鲜美，或炒肉或炖汤，风味浓郁。野生黄蘑质量最优，水分少，肉质厚，细密脆弱，味香纯正。含有异常丰富的氨基酸、维生素 B_1、维生素 C 等。性味甘平，益肠胃，有助于维持正常糖代谢及神经传导，常食能降低血液中的胆固醇，增强防癌抗癌能力，并能预防病毒感染、脚气病、牙床出血、贫血等症。黄蘑炖鸡、炒肉、煲汤都很好吃，如果是干货一定要用水泡软才能风味浓郁！

小葱烧鲜蘑

菜肴简介

众所周知，菌类原料所含的营养成分十分全面，有利于人体的生长发育和健康，特别是能增强人体的免疫力，抗病抗癌功效甚高，适合中老年及妇女儿童食用。利用菌类原料烹调的菜肴口味清淡爽口，深受众多食者的欢迎。

菜肴命名 根据烹调方法和原料来定名

烹调方法 烧

菜肴原料 1．主料：白玉蘑120克

2．配料：蟹味菇70克、香菇300克、

3．调料：盐6克、白糖3克、酱油5克、蚝油5克、淀粉10克、小葱70克、色拉油50克

工艺流程 1．将白玉蘑、蟹味菇、香菇分别切成3厘米的段，焯水。小葱叶切成葱花，葱白切成3厘米的段

2．炒锅上火加入色拉油烧热，放入小葱白炒香至金黄色，再放入三种鲜蘑煸炒，再加入盐、白糖、酱油、蚝油、高汤烧开，勾薄芡，淋明油撒上小葱花即成

菜肴特点 色泽美观、口味鲜咸、质感软嫩、营养丰富

制作要求 1．鲜蘑焯水时间要短

2．勾薄芡

类似品种 葱烧腐竹、葱烧豆腐、葱烧冬瓜等

 营养分析

营养成分 白蘑是伞菌中最珍贵的品种，含有丰富的蛋白质、维生素及钾、钙、铁、磷等矿物质。白蘑的食法很多，可以溜炒、做馅、涮火锅，也可以晾干。

白蘑（鲜）的食用效果是宣肠益气、散血热、透发麻疹。

腌猪肉小白菜

菜肴简介

　　腌猪肉是内蒙古西部地区民间采用的一种烹饪原料，也是西部地区民间家庭制作的一道风味佳肴，原料独特，制作简便，适合中老年食用。

菜肴命名　根据原料来定名

烹调方法　炒

菜肴原料　1．主料：腌猪肉90克

　　　　　　2．配料：土豆260克、小白菜300克

3．调料：盐4克，葱、姜、蒜末各10克，酱油3克，干姜面、花椒面、八角面各3克，醋3克，色拉油50克

工艺流程 1．将腌猪肉切成长6厘米、宽4厘米、厚0.3厘米的片。土豆切成长3厘米，宽、厚都为1厘米的条焯水。白菜切成3厘米的段

2．炒锅上火加入色拉油烧热，放入葱、姜、蒜炝锅，再放入小白菜煸炒出水分，然后加入腌猪肉和土豆条、盐、酱油、干姜面、花椒面、八角面、醋，翻炒至土豆熟烂装盘即成

菜肴特点 色泽美观、口味鲜咸、质感软嫩、风味独特

制作要求 1．加热时用小火

2．掌握好加热时间

类似品种 腌猪肉酸菜、腌猪肉油菜、腌猪肉菠菜等

营养分析

营养成分 小白菜含有丰富的钙、磷、铁，质地柔嫩，味道清香，为大众化蔬菜。小白菜是蔬菜中含矿物质和维生素最丰富的菜。小白菜所含的钙、维生素C、胡萝卜素均比大白菜高，所含的糖类和碳水化合物略低于大白菜。

和林炖羊肉

此菜品始于内蒙古呼和浩特和林地区，是一道家喻户晓的农家菜，用自家养殖羊的羊肉和土豆为主料，经小火加热慢慢炖至汤汁浓稠时出锅，撒上葱花即成。此菜营养丰富，家庭风味浓郁，现已搬上宴席的餐桌，甚至流传于内蒙古自治区以外。

菜肴命名　根据地名、烹调方法和原料来定名

烹调方法　炖

菜肴原料　1. 主料：羊肉2000克

2. 配料：土豆1500克

3．调料：盐10克、葱段20克、姜片20克、花椒15克、茴香15克、香葱花20克

工艺流程 1．将羊肉洗净，剁成3厘米见方的块，焯水后捞出，土豆去皮切成小滚刀块

2．炒锅上火，加入水，放入羊肉烧开后去掉浮沫，放入葱、姜、花椒、茴香、盐，小火炖40分钟，再放入土豆炖10分钟，然后用大火收浓汤汁，撒上香葱花装入汤盆内即可

菜肴特点 色泽美观、口味鲜咸、质感软烂、风味浓郁

制作要求 1．刀工处理要均匀

2．炖时要用小火

类似品种 排骨炖土豆、羊肉炖豆腐、羊肉炖萝卜等

 营养分析

营养成分 羊肉富含人体最需要的优质蛋白质，其味甘、性热，入脾、胃、肾、心经；温补脾胃，用于治疗脾胃虚寒所致的反胃、身体瘦弱、畏寒等症；温补肝肾，用于治疗肾阳虚所致的腰膝酸软冷痛、阳痿等症；补血温经，用于产后血虚经寒所致的腹冷痛。中国古代医学认为，羊肉是助元阳、补精血、疗肺虚、益劳损之佳品，是一种优良的温补强壮剂。

巴盟烩酸菜

菜肴简介

　　巴彦淖尔盟位于内蒙古西部地区，酸菜是一道家喻户晓的农家菜，用自家养殖猪的肉、排骨，配上土豆，放入农家调味品，经小火加热制熟，营养丰富，家庭风味浓郁，现已搬上宴席的餐桌，深受众多食者的好评。

菜肴命名 根据地名、烹调方法和原料来定名

烹调方法 烩

菜肴原料 1. 主料：酸菜450克

2. 配料：农家猪五花肉150克、农家

猪排骨150克、土豆200克

3．调料：盐6克、葱花10克、花椒面20克、干姜面18克、八角面25克、蒜末5克、猪油50克、老抽5克

工艺流程 1．将排骨洗净，剁成3厘米长的段，焯水后捞出，猪肉切成长6厘米、宽4厘米、厚0.3厘米的片，酸菜切成0.3厘米的丝洗净，土豆切成滚刀块

2．炒锅上火，加入猪油烧热，放入葱、姜、蒜炝锅，再放入排骨、猪肉煸炒，加入老抽、盐，呈金红色时加入土豆、高汤小火炖10分钟，再加入酸菜、花椒面、干姜面、八角面炖20分钟熟即成，撒上葱花，装入汤盆内即可

菜肴特点 色泽自然、口味鲜咸微酸、质感软烂、风味浓郁

制作要求 1．刀工处理要均匀

2．炖时要用小火

类似品种 排骨烩土豆、猪肉烩豆腐、排骨烩萝卜等

营养分析

营养成分 此菜含丰富的脂肪、碳水化合物等营养成分，吃起来松软可口，酸中带香，油而不腻，肉多而无膻味，汤少而不干硬，无论是泡米饭还是就馒头，都是上好的家常便菜。河套人对烩酸菜的评价标准也很简单，白菜越烂越好，土豆越软越好，肥肉越不肥腻越好。

大棒骨炖白菜

菜肴简介

　　此菜品常见于内蒙古东部区，是一道家喻户晓的农家菜，用自家养殖猪的棒骨为主料，再配上自己种植的新鲜白菜，经小火加热制熟，营养丰富，家庭风味浓郁，现已搬上宴席的餐桌，深受众多食者的好评。

菜肴命名　根据烹调方法和原料来定名

烹调方法　炖

菜肴原料　1．主料：猪棒骨1000克

　　　　　　2．配料：大白菜500克

3．调料：盐7克、葱段10克、姜片20克、八角5克、肉豆蔻3克、料酒15克、猪油50克、老抽10克

工艺流程 1．将棒骨洗净，从中间剁开一分为二，焯水后捞出，放入高压锅加入高汤、葱段、姜片、八角、肉豆蔻、料酒、老抽压20分钟。白菜切成长3厘米、宽1.5厘米的段

2．炒锅上火，加入猪油烧热，放入葱、姜炝锅，再放入白菜煸炒，然后加入压好的大棒骨小火炖3分钟，去掉葱、姜、八角、肉豆蔻装入汤盆内即可

菜肴特点 色泽自然、口味鲜咸、质感软烂、风味浓郁

制作要求 1．掌握好口味

2．炖时要用小火

类似品种 棒骨炖土豆、棒骨炖豆腐、棒骨炖萝卜等

营养分析

营养成分 猪棒骨中除含蛋白质、脂肪、维生素外，还含有大量磷酸钙、骨胶原、骨黏蛋白等。骨头汤中含有的胶原蛋白，能增强人体制造血细胞的能力。所以对于中老年人来说，喝些骨头汤加以调理可以减缓骨骼老化；同样，骨头汤也有利于青少年的骨骼生长，此款菜肴是补钙佳品。

清汤白菜

菜肴简介

　　白菜是全国各地区民间采用的一种烹饪原料，清汤白菜是在川菜开水白菜的基础上改革创新的一道汤菜，也是内蒙古西部地区民间家庭制作的一道风味佳肴，原料独特、制作简便、清淡爽口、老少咸宜。

菜肴命名 根据原料来定名

烹调方法 氽

菜肴原料 1. 主料：娃娃菜 150 克

　　　　　　2. 配料：京华火腿 20 克、清汤 1000

克

3．调料：盐4克，葱、姜汁各30克，鸡粉3克

工艺流程 1．将娃娃菜洗净切成3厘米的段，焯水。火腿切成长6厘米的细丝

2．炒锅上火加入清汤烧开，放入葱、姜汁，再放入娃娃菜和火腿丝、盐、鸡粉烧开即可（也可上笼蒸3分钟），装入汤盅即成

菜肴特点 色泽美观、口味鲜咸、质感软嫩、风味独特

制作要求 1．加热时用小火

2．掌握好加热时间

类似品种 羊肉汤酸菜、清汤油菜、清汤冬瓜等

营养分析

营养成分 白菜营养丰富，富含糖类、脂肪、蛋白质、粗纤维、钙、磷、铁、胡萝卜素、硫胺素、尼克酸、维生素，尤其以维生素C含量最为丰富。白菜是减肥的最佳食物，中医认为其性微寒无毒，养胃生津，除烦解渴，利尿通便，清热解毒，为清凉降泄兼补益良品。可用于治感冒、发烧口渴、支气管炎、咳嗽、食积、便秘、小便不利、冻疮等。总之，白菜是补充营养、净化血液、疏通肠胃、预防疾病、促进新陈代谢的佳蔬良药。

家常炖羊蝎子

羊蝎子是内蒙古大草原民间常用的一种烹饪原料，也是内蒙古西部地区民间家庭制作的一道风味佳肴，将羊蝎子剁成块，焯水后放入锅内，加入调味品，小火炖至成熟。

菜肴命名 根据烹调方法、菜品风味以及原料来定名

烹调方法 炖

菜肴原料 1. 主料：羊蝎子 2000 克

2．调料：盐 12 克，葱段、姜片、辣椒各 20 克，酱油 23 克，花椒、茴香各 15 克，陈皮 10 克

工艺流程 1．将羊蝎子从自然关节切开，焯水

2．锅上火加入清水，放入葱段、姜片、盐、酱油、辣椒、花椒、茴香和羊蝎子烧开，用小火炖至熟烂装盘即成

菜肴特点 色泽自然、口味鲜咸、质感软烂、风味独特

制作要求 1．加热时用小火

2．掌握好加热时间

类似品种 家常炖羊棒骨、家常炖羊肉、家常炖羊骨等

营养分析

营养成分 羊蝎子就是羊大梁，因其形状酷似蝎子，故而俗称羊蝎子。羊蝎子可用来做清汤火锅，味道鲜美。羊蝎子低脂肪、低胆固醇、高蛋白、富含钙质。易于吸收，有滋阴补肾、养颜壮阳功效。从营养角度看，羊蝎子具有滋阴清热、养肝明目、补钙益气、强身壮体之功效。其次，羊蝎子有"补钙之王"的美誉。羊蝎子经过长时间的焖，有利于促进钙的吸收，达到补钙的功效。对工作、学习疲劳困倦可起到缓解的作用，堪称老少皆宜，是四季均享的上乘美味佳肴。

肚煲鸡

肚煲鸡是内蒙古地区的厨师近年来利用粤菜的烹调方法，采用当地的绿鸟鸡和猪肚改革创新的一道汤煲菜。原料独特，制作简便，有荤有素，适合于中老年及孕妇食用。

菜肴命名　根据烹调方法和原料来定名

烹调方法　煲

菜肴原料　1. 主料：绿鸟鸡 350 克

2. 配料：熟猪肚 100 克、牛心菜叶

50 克、金瓜泥 100 克

3．调料：盐6克，鸡粉6克，胡椒粉3克，白芷3克，陈皮3克，葱段、姜片各30克

工艺流程 1．将鸡剁成块焯水后放入煲内，猪肚切长 4 厘米、宽 1 厘米的条焯水后放入煲内，牛心菜叶洗净用手撕成大块也放入煲内

2．煲锅上火加入清汤、葱段、姜片、盐、鸡粉、胡椒粉、白芷、陈皮、金瓜泥烧开用小火煲 40 分钟即可

菜肴特点 色泽自然、口味鲜咸、质感软嫩、风味独特

制作要求 1．加热时用小火

2．掌握好加热时间

类似品种 肚煲酸菜、清汤煲牛肉、羊肉煲冬瓜等

营养分析

营养成分 猪肚含有蛋白质、脂肪、碳水化合物、维生素及钙、磷、铁等，具有补虚损、健脾胃的功效，适合气血虚损、身体瘦弱者食用。

海陆空

菜肴简介

　　海是指海里的原料，陆是指陆地的原料，空是指空中能飞的鸟类原料，把这三种烹饪原料组合在一起，小火炖制而成，是改革创新的一道汤菜，命名新颖，原料独特，制作简便，营养价值较高，适合中老年食用。

菜肴命名　根据原料的寓意来定名

烹调方法　煲

菜肴原料　1. 主料：鸽子 150 克、甲鱼 150 克、牛鞭 150 克

2．配料：枸杞 20 克、清汤 1500 克

3．调料：盐 4 克，葱、姜汁各 30 克，鸡粉 3 克

工艺流程　1．将鸽子、甲鱼剁成小块焯水后放入煲内，牛鞭切成菊花花刀焯水后放入煲内，枸杞洗净也放入煲内

2．煲锅上火加入清汤、盐、鸡粉、葱汁、姜汁烧开，改用小火煲 40 分钟至熟，装入汤盅即成

菜肴特点　色泽美观、口味鲜咸、质感软嫩、风味独特、寓意丰富

制作要求　1．加热时用小火

2．掌握好加热时间

类似品种　排骨酸菜煲、时菜粉丝煲、雪花牛肉煲等

营养分析

营养成分　甲鱼含有丰富的优质蛋白质、氨基酸、矿物质、微量元素以及维生素 A、维生素 B$_1$、维生素 B$_2$ 等，具有鸡、鹿、牛、猪、鱼五种肉的美味，素有"美食五味肉"之称。牛鞭中富含蛋白质，具有维持钾钠平衡、消除水肿、缓冲贫血的作用。鸽肉为高蛋白、低脂肪食品，易于消化，具有滋补益气、祛风解毒的功能，对病后体弱、血虚闭经、头晕神疲、记忆衰退有很好的补益治疗作用。汤对老年人、体虚病弱者、开刀病人、产妇及儿童有恢复体力、愈合伤口、增强脑力和视力的功用。

酸汤肥羊

　　酸汤羊是用内蒙古锡林浩特大草原的羔羊肉为主料,再配上水晶粉、金针菇等烹制的一道汤菜,酸汤可口,汤鲜肉美,荤素兼备。适合中老年及妇女食用,深受众多食者的欢迎。

菜肴命名　根据口味和原料来定名

烹调方法　汆

菜肴原料　1. 主料:羔羊肉 400 克

　　　　　2. 配料:水晶粉 50 克、金针菇 50 克、

南瓜泥 50 克、小米辣椒 50 克、鱼腥菜 200 克

3．调料：盐 4 克，葱、姜丝各 30 克，鸡粉 4 克，灯笼椒 10 克，白醋 10 克，鲜花椒 5 克

工艺流程 1．将鱼腥菜、小米辣椒、鲜花椒、灯笼椒放入锅内，加入高汤小火熬 1 小时，然后放入盐、鸡粉、南瓜泥、白醋调成酸汤

2．水晶粉、金针菇放入水锅中煮熟捞出装入汤盆底，羊肉切薄片汆熟后放在汤盆上面，再浇上酸汤，撒上葱、姜丝即成

菜肴特点 色泽艳丽、酸汤可口、汤鲜肉嫩、风味独特

制作要求 1．加热时用小火

2．掌握好加热时间

类似品种 酸汤牛肉、酸汤鱼、酸汤金针肥羊等

 营养分析

营养成分 此菜营养丰富，富含蛋白质、矿物质、脂肪等多种营养成分，是一款典型的半汤半菜菜肴，具有很好的滋补作用，适合不同人群食用。

三味蒸水蛋

鸡蛋是中餐制作中主要的烹饪原料之一，三味蒸水蛋是在粤菜"蒸水蛋"的基础上改革创新的一道美味佳肴，制作简便，营养丰富，质感软嫩。因用一种主料得三种口味而得名。

菜肴命名 根据烹调方法和原料来定名

烹调方法 蒸

菜肴原料 1. 主料：鸡蛋 150 克

2. 配料：鱼子酱 15 克

3．调料：盐2克、蒸鱼豉油5克、鸡粉3克、淀粉5克

工艺流程　1．将鸡蛋打入盆内加入冷开水150克搅均匀，分别倒入三个玻璃器皿中，上笼小火蒸30分钟至熟取出放在一个盘中

　2．炒锅上火加入清汤、盐、鸡粉烧开勾芡浇在一个水蛋上，鱼子酱浇在另一个水蛋上，蒸鱼豉油汁浇在最后一个水蛋上即成

菜肴特点　色泽美观、三种口味、质感软嫩、风味独特

制作要求　1．加热时用小火

　2．掌握好加热时间

类似品种　三味鱼糕、三味豆腐、三味鸡腐等

营养分析

　　营养成分 鸡蛋含有丰富的蛋白质、脂肪、维生素和铁、钙、钾等人体所需要的矿物质，蛋白质为优质蛋白，对肝脏组织损伤有修复作用；富含DHA和卵磷脂、卵黄素，对神经系统和身体发育有利，能健脑益智，改善记忆力，并促进肝细胞再生；鸡蛋中含有较多的维生素B和其他微量元素，可以分解和氧化人体内的致癌物质，具有防癌作用。

小米油菜
煮肥牛

小米油菜煮肥牛是利用内蒙古东部区以科尔沁黄牛和赤峰小米为原料改革创新的一道汤菜，将小米加入水上火熬成粥再汆入油菜、肥牛，地方风味浓郁，制作简便、有菜有肉、荤素兼备、色泽美观。

菜肴命名 根据烹调方法和原料来定名

烹调方法 煮

菜肴原料 1. 主料：肥牛 200 克

2. 配料：小米 200 克、油菜 60 克、

金瓜泥 15 克

3．调料：盐 4 克、葱姜汁 30 克、鸡粉 3 克、红椒粒 15 克

工艺流程 1．肥牛切成 0.2 厘米厚的大片放入盆内加入葱姜汁搅均匀入味，将油菜洗净切成 0.5 厘米的粒焯水

2．炒锅上火加入清汤烧开，放入小米熬熟，再放入盐、鸡粉烧开下入肥牛氽熟，去掉浮沫，加入油菜粒和红椒粒装入汤盆即成

菜肴特点 色泽美观、口味鲜咸、质感软嫩、风味独特

制作要求 1．加热时用小火

2．掌握好加热时间

类似品种 小米胡萝卜煮羊肉、小米蘑菇煮鸡肉、小米酸菜煮鱼片等

营养分析

营养成分 此菜是一道典型的半汤半菜，具有一定的滋补作用，小米营养价值极高，除含有大量的碳水化合物外，还含多种维生素、脂肪，尤其是维生素 A 的含量是众多谷物类食物中之最，再加上牛肉这种保健肉，具有强身健体的作用，再加上一些绿色蔬菜，不仅色泽丰富，营养更加全面。

蒜茸油麦菜

菜肴简介

　　油麦菜是近年引进的新品种，色泽油绿，质感脆嫩，经厨师巧妙的加工烹制，将油麦菜焯水后加入蒜茸，蒜香味突出，色泽碧绿。如今已成为各大酒店、宾馆的创消菜品。

菜肴命名 根据口味和原料来定名

烹调方法 炒

菜肴原料 1. 主料：油麦菜 500 克

2. 调料：盐 4 克、蒜末 30 克、鸡粉

3 克、色拉油 20 克、淀粉 15 克、香油 3 克

工艺流程　1. 将油麦菜摘洗干净，切成 5 厘米长的段焯水

2. 炒锅上火加入清汤烧开，加入盐、鸡粉，再放入油麦菜翻炒然后用淀粉勾芡，撒上蒜末、淋上香油即成

菜肴特点　色泽碧绿、口味鲜咸、蒜香浓郁、质感嫩脆、风味独特

制作要求　1. 加热时用大火

2. 掌握好焯水时间

类似品种　香辣油麦菜、豉汁油麦菜、姜汁油麦菜等

营养分析

营养成分　油麦菜又名莜麦菜，属菊科，油麦菜含有大量维生素和大量钙、铁、蛋白质、脂肪、维生素 A、维生素 B_1、维生素 B_2 等营养成分，有着"凤尾"之称。油麦菜还具有降低胆固醇、治疗神经衰弱、清燥润肺、化痰止咳等功效，是一种低热量、高营养的蔬菜。

油爆芥兰

菜肴简介

　　芥兰是近年引进内蒙古的新品种，经厨师们巧妙加工烹制而成，是各大酒店、宾馆素菜的代表品种，也运用在高档宴席中，色泽油绿、质感脆嫩、营养丰富。

菜肴命名　根据烹调方法和原料来定名

烹调方法　炒

菜肴原料　1. 主料：芥兰 300 克

　　　　　　　2. 配料：红椒 20 克

3．调料：盐4克，葱花、姜末、蒜末各10克，鸡粉3克，香油3克，料油10克，淀粉15克，色拉油10克

工艺流程 1．将芥兰切成6厘米长的斜刀段焯水。红椒切成长6厘米、宽1厘米的条

2．炒锅上火加入色拉油烧热，放入葱、姜、蒜炝锅，再放入芥兰、红椒、盐、鸡粉煸炒，断生后用淀粉勾芡，淋上料油、香油装盘即成

菜肴特点 色泽红绿相间、口味鲜咸、质感脆嫩、营养丰富

制作要求 1．加热时用大火

2．加热时间要短

类似品种 爆炒菜心、爆炒油菜、爆炒豆芽等

营养分析

营养成分 芥蓝中含有有机碱，这使它带有一定的苦味，能刺激人的味觉神经、增进食欲，还可加快胃肠蠕动，有助于消化。芥蓝中另一种独特的苦味成分是金鸡纳霜，能抑制过度兴奋的体温中枢，起到消暑解热的作用。它还含有大量的膳食纤维，能防止便秘、降低胆固醇、软化血管、预防心脏病。

扒菜心

　　菜心是近年来引进内蒙古的新原料，经厨师们巧妙加工烹制而成，是各大酒店、宾馆素菜的代表品种，也运用在高档宴席中。将菜心洗净焯水，加入调味品和高汤入味勾芡大翻勺即成，色泽油绿、质感脆嫩、营养丰富，特别受妇女儿童喜爱。

菜肴命名　根据烹调方法和原料来定名

烹调方法　扒

菜肴原料　1．主料：菜心 400 克

2．调料：盐 4 克，葱花、姜末、蒜末各 10 克，鸡粉 3 克，香油 3 克，料油 10 克，淀粉 15 克，色拉油 10 克

工艺流程 1．将菜心切成 16 厘米长的段焯水

2．炒锅上火加入色拉油烧热，放入葱、姜、蒜炝锅，再放入菜心、盐、鸡粉煸炒，断生后加入高汤用淀粉勾芡，淋上料油、香油大翻勺装盘即成

菜肴特点 色泽碧绿、口味鲜咸、质感脆嫩、营养丰富

制作要求 1．掌握好焯水的时间

2．加热时间短

类似品种 扒油菜、扒芥兰、扒菠菜等

 营养分析

营养成分 菜心性微寒，常食具有除烦解渴、利尿通便和清热解毒之功效，在燥热时节的食用价值尤为明显。现代营养学研究发现，菜心富含粗纤维、维生素 C 和胡萝卜素，不仅能够刺激肠胃蠕动起到润肠、助消化的作用，对护肤和养颜也有一定的作用。

清炒西兰花

菜肴简介

　　西兰花是近年引进内蒙古的新品种，经厨师们巧妙加工烹制而成。是将西兰花用手撕成小朵，焯水后加入调味品旺火快速烹制而成。是各大酒店、宾馆素菜的代表品种。

菜肴命名　根据烹调方法和原料来定名

烹调方法　炒

菜肴原料　1. 主料：西兰花 350 克

　　　　　　2. 调料：盐 4 克，葱花、姜末、蒜末

各 10 克，鸡粉 3 克，香油 3 克，料油 10 克，淀粉 15 克，色拉油 10 克

工艺流程　1．将西兰花用手撕成小朵焯水

2．炒锅上火加入色拉油烧热，放入葱、姜、蒜炝锅，再放入西兰花、盐、鸡粉煸炒，断生后用淀粉勾薄芡，淋上料油、香油装盘即成

菜肴特点　色泽碧绿、口味鲜咸、质感脆嫩、营养丰富

制作要求　1．加热时用大火

2．加热时间短

类似品种　清炒菜心、清炒油菜、清炒豆芽等

 营养分析

　营养成分　西兰花营养丰富，含有蛋白质、脂肪、磷、铁、胡萝卜素、维生素 B_1、维生素 B_2 和维生素 C、维生素 A 等，尤以维生素 C 丰富，每 100 克含 88 毫克，仅次于辣椒。其质地细嫩，味甘鲜美，容易消化，对保护血液有益。儿童食用有利于健康成长。

素炒西葫芦

菜肴简介

　　西葫芦是内蒙古的土特产原料，经厨师们巧妙加工烹制而成，是各大酒店、宾馆素菜的代表品种，也运用在高档宴席中。就是将西葫芦洗净切条，旺火快速烹制，断生后勾薄芡即成。

菜肴命名　根据烹调方法和原料来定名

烹调方法　炒

菜肴原料　1. 主料：西葫芦 400 克

2. 配料：红椒 50 克

3. 调料：盐 4 克，葱花、姜末、蒜末各 10 克，鸡粉 3 克，香油 3 克，料油 10 克，淀粉 15 克，色拉油 10 克

工艺流程 1. 将西葫芦切成扇形片，红椒切成长 4 厘米、宽 1 厘米的条

2. 炒锅上火加入色拉油烧热，放入葱、姜、蒜炝锅，再放入西葫芦片、红椒条、盐、鸡粉煸炒，断生后用淀粉勾芡，淋上料油、香油装盘即成

菜肴特点 色泽红绿相间、口味鲜咸、质感脆嫩、营养丰富

制作要求 1. 加热时用大火

2. 加热时间短

类似品种 素炒菜心、素炒油菜、素炒豆芽等

 营养分析

营养成分 西葫芦含有较多的维生素 C、葡萄糖等营养物质，尤其是钙的含量极高。西葫芦具有清热利尿、除烦止渴、润肺止咳、消肿散结的功能。可用于辅助治疗水肿腹胀、烦渴、疮毒以及肾炎、肝硬化腹水等症。

清炒娃娃菜

菜肴简介

　　娃娃菜，又称微型白菜，是从日本、韩国等地引进的一款蔬菜新品种，近几年开始在国内受到青睐。外形与大白菜一致，但尺寸仅相当于大白菜的 1/5 到 1/4，类似大白菜的"仿真微缩版"，故称为娃娃菜。烹制方法同大白菜。

菜肴命名　根据烹调方法和原料来定名

烹调方法　炒

菜肴原料　1. 主料：娃娃菜 500 克

2．配料：红椒 30 克、黄椒 30 克

3．调料：盐 4 克，葱花、姜末、蒜末各 10 克，鸡粉 3 克，香油 3 克，料油 10 克，淀粉 15 克，色拉油 10 克

工艺流程 1．将娃娃菜切成 6 厘米长的斜刀段焯水。红椒、黄椒切成长 6 厘米、宽 1 厘米的条

2．炒锅上火加入色拉油烧热，放入葱、姜、蒜炝锅，再放入娃娃菜、红椒、黄椒、盐、鸡粉煸炒，断生后用淀粉勾薄芡，淋上料油、香油装盘即成

菜肴特点 色泽红黄绿相间、口味鲜咸、质感脆嫩、营养丰富

制作要求 1．加热时用大火

2．加热时间短

类似品种 清蒸粉丝娃娃菜、醋溜娃娃菜、干锅娃娃菜等

 营养分析

营养成分 娃娃菜是种"超小白菜"，但它的钾含量却比白菜高很多。

清炒土豆丝

土豆是全国各地常用的最普通的烹饪原料，也是内蒙古的特产。利用土豆可烹制出丰富多彩的菜品，清炒土豆丝如今是各大酒店、宾馆素菜的代表，也运用在高档宴席中。色泽自然、质感脆嫩、营养丰富，是一道民间的风味佳肴。

菜肴命名　根据烹调方法和原料来定名

烹调方法　炒

菜肴原料　1. 主料：土豆300克

2．配料：红、绿、黄椒各20克

3．调料：盐4克，葱、姜丝、蒜末各10克，鸡粉3
克，香油3克，料油10克，色拉油10克

工艺流程 1．将土豆切成长6厘米、粗0.2厘米的丝焯水。
红、黄、绿椒切成长6厘米、粗0.2厘米的丝

2．炒锅上火加入色拉油烧热，放入葱、姜、蒜炝
锅，再放入土豆丝，红、黄、绿椒丝，盐，鸡粉
煸炒，断生后淋上料油、香油装盘即成

菜肴特点 色泽红黄绿相间、口味鲜咸、质感脆嫩、营养丰富

制作要求 1．加热时用大火

2．加热时间要短

类似品种 炝炒土豆丝、鱼香土豆丝、芫爆土豆丝等

 营养分析

营养成分 土豆中的蛋白质接近动物蛋白。土豆还含丰富的赖氨酸和色氨酸，所含的钾可预防脑血管破裂。它所含的蛋白质和维生素C，均为苹果的10倍，维生素B_1、维生素B_2、铁和磷的含量也比苹果高得多。

保健作用 利于减肥，土豆所含的纤维素细嫩，对胃肠黏膜无刺激作用，有解痛或减少胃酸分泌的作用。常食土豆已成为防治胃癌的辅助疗法。

老汤牛大骨

菜肴简介

　　此菜品常见于内蒙古东部区，是一道家喻户晓的农家菜。用大草原的牛大骨为主料，采用现代的调味品，经小火加热到熟。营养丰富，家庭风味浓郁，现已引进宴席的餐桌，深受众多食者的好评。

菜肴命名　根据风味和原料来定名

烹调方法　炖

菜肴原料　1. 主料：牛大骨 1500 克

　　　　　　　2. 配料：香菜 50 克

3．调料：盐 17 克、葱段 10 克、姜片 8 克、八角 5 克、料酒 50 克、花椒 5 克、茴香 2 克、砂仁 3 克、丁香 3 克、草果 3 克、桂皮 3 克、肉桂 3 克、山奈 3 克、胡椒 4 克、老抽 35 克、一品鲜酱油 50 克

工艺流程 将大骨洗净，焯水后捞出，放入锅内，加入高汤、盐、葱段、姜片、料酒、八角、花椒、茴香、草果、桂皮、砂仁、山奈、丁香、肉桂、胡椒、老抽、一品鲜酱油小火煮 4 小时，至熟烂，捞出装盘撒上香菜即成

菜肴特点 色泽酱红、口味鲜咸、质感软烂

制作要求 1．牛大骨块要均匀

2．炖时要用小火

类似品种 老汤牛尾、老汤牛肉、老汤驴肉等

营养分析

营养成分 骨头汤能驱风祛寒、补充钙质、养颜护肤、延缓衰老。另外，在水开后加少许醋，能使骨头里的磷、钙溶解在汤内，这样炖出来的汤既味道鲜美，又便于肠胃吸收。

脆皮乳鸽

菜肴简介

　　脆皮乳鸽具有皮酥肉嫩、鲜香味美的特点。常吃可使身体强健，清肺顺气。此菜品做法各异，一是将鸽子煮熟挂脆皮糊炸；一是将鸽子腌制入味放入烤箱烤；一是将腌制好的乳鸽放入油中炸熟，制法不同，风味特点也不同，而内蒙古是用最后一种制法烹制。

菜肴命名	根据风味特点和原料来定名
烹调方法	炸
菜肴原料	1. 主料：乳鸽 4 只，约 800 克

2．调料：盐 15 克、葱段 20 克、姜片 18 克、八角
5 克、白酒 15 克、花椒 8 克、色拉油 1500 克、老
抽 5 克、一品鲜酱油 50 克

工艺流程 1．将乳鸽宰杀、去毛、去内脏洗净，放入盆内，
加入盐、葱段、姜片、八角、花椒、白酒、老抽、
一品鲜酱油腌 3 小时

2．炒锅上火，加入色拉油烧热，再放入腌好的乳
鸽小火炸 5 分钟到熟，捞出待油温升高至七成时再
复炸一次即成

菜肴特点 色泽深红、口味鲜咸、质感酥脆、香鲜可口

制作要求 1．保证腌制的时间

2．炸时要用小火，最后复炸

类似品种 香脆兔腿、脆皮鸡翅、脆皮鸭子等

营养分析

　　营养成分 鸽子肉味咸、性平、无毒，具有滋补肝肾之
作用，可以补气血，托毒排脓；可用以治疗恶疮、久病虚羸、
消渴等症。常吃可使身体强健，清肺顺气。对于肾虚体弱、
心神不宁、儿童成长、体力透支者均有功效。乳鸽的骨内
含丰富的软骨素，常食能增加皮肤弹性，改善血液循环。
乳鸽肉含有较多的支链氨基酸和精氨酸，可
促进体内蛋白质的合成，加快创伤愈合。

香酥脆皮鸡

菜肴简介

　　脆皮炸鸡是以鸡肉为主要食材，成菜特点是口味咸鲜、色泽红亮、皮酥肉嫩、味道鲜美、营养价值丰富。内蒙古总结全国各菜系的烹制手法，用内蒙古的绿鸟鸡，经腌制、煮熟、炸制等工艺过程烹制而成。风味独特、口感酥脆、营养丰富，是一道创新的菜品。

菜肴命名 根据风味特点和原料来定名

烹调方法 炸

菜肴原料 1. 主料：绿鸟鸡一只，约 800 克

2．调料：盐15克、葱段20克、姜片18克、八角5克、料酒15克、花椒8克、白糖5克、桂皮8克、色拉油1500克、老抽5克、一品鲜酱油30克

工艺流程 1．将绿鸟鸡宰杀、去毛、去内脏洗净，放入盆内，加盐、葱段、姜片、八角、花椒、料酒、白糖、老抽、一品鲜酱油腌3小时。然后将原汤上火煮40分钟至熟

2．炒锅上火，加入色拉油烧热，再放入煮好的绿鸟鸡小火炸5分钟捞出，待油温升高至七成时再复炸一次即成

菜肴特点 色泽深红、口味鲜咸、质感外脆里酥、香鲜可口

制作要求 1．保证腌制时间

2．炸时要用小火，最后复炸

类似品种 香酥脆皮兔、香酥脆皮鹌鹑、香酥脆皮鸭子等

 营养分析

营养成分 鸡肉肉质细嫩，滋味鲜美，由于其味较淡，因此可使用于各种料理中。鸡肉的蛋白质含量颇高，可以说是蛋白质含量最高的肉类之一，是高蛋白、低脂肪的食品，且易被人体吸收利用，有增强体力、强壮身体的作用。此外，鸡肉还含有脂肪、钙、磷、铁、镁、钾、钠、维生素A、维生素B_1、维生素B_2、维生素C、维生素E和烟酸等成分。

白萝卜
煲猪龙骨

　　猪龙骨就是猪的脊背骨，肉瘦，脂肪少。此菜品常见于内蒙古东部区，是一道家喻户晓的农家菜，用自家养殖猪的龙骨为主料，再配上白萝卜，采用现代的调味品和粤菜的烹调方法，经小火加热制熟，营养丰富，药用功效甚高，家庭风味浓郁，现已引进宴席的餐桌。

菜肴命名　根据烹调方法和原料来定名

烹调方法　煲

菜肴原料　1. 主料：猪龙骨 1000 克

2．配料：白萝卜 500 克

3．调料：盐 7 克、葱段 10 克、姜片 8 克、八角 5 克、花椒 5 克、桂皮 3 克、香叶 3 克、良姜 2 克、胡椒 4 克、香菜 8 克

工艺流程 白萝卜切成棱形片，香菜切成 3 厘米的段，将猪龙骨洗净剁成 4 厘米的段，焯水后捞出，放入煲内，加入高汤、盐、葱段、姜片、八角、花椒、桂皮、胡椒、良姜、香叶，小火煮 1 小时，再放入白萝卜煮至熟烂，上面撒上香菜即成

菜肴特点 色泽白绿、口味鲜咸、质感软烂

制作要求 1．猪龙骨块要均匀

2．炖时要用小火

类似品种 白萝卜煲猪手、香菇煲鸡块、白萝卜煲驴肉等

营养分析

营养成分 猪龙骨中含有大量骨髓，烹煮时柔软多脂的骨髓就会释出。骨髓可以用在调味汁、汤或煨菜里，并可加入意大利炖菜中，另外也可以趁热作为开胃小点的涂酱。

保健作用 具有滋补肾阴、填补精髓的作用，对肾虚耳鸣、腰膝酸软、阳痿、遗精、烦热和贫血等症有疗效。萝卜具有清热生津、凉血止血、下气宽中、消食化滞、开胃健脾、顺气化痰的功效，主要用于腹胀停食、腹痛、咳嗽、痰多等症。

爆炒牛心菜

菜肴简介

　　牛心菜又称小卷心菜，是内蒙古的土特产原料。本菜采用现代化的调味品，将牛心菜洗净用手撕成小块，加入调味品，旺火快速烹制而成。是各大酒店、宾馆都有的素菜。

菜肴命名　根据烹调方法和原料来定名

烹调方法　炒

菜肴原料　1. 主料：牛心菜 350 克

　　2. 调料：盐 4 克，葱花、姜末、蒜末、泡椒丝各 10 克，白糖 3 克，蚝油 4 克，

醋 7 克，鸡粉 3 克，香油 3 克，料油 10 克，色拉油 10 克

工艺流程 1. 将牛心菜洗净用手撕成小块焯水

2. 炒锅上火加入色拉油烧热，用葱、姜、蒜、泡椒炝锅，再放入牛心菜烹醋，再加入盐、鸡粉、蚝油、白糖煸炒，断生后淋上料油、香油装盘即成

菜肴特点 色泽油绿、口味鲜咸、质感脆嫩、营养丰富

制作要求 1. 加热时用大火

2. 加热时间短

3. 牛心菜焯水的时间要短

类似品种 爆炒菜心、爆炒油菜、爆炒豆芽等

营养分析

营养成分 牛心菜的水分含量高（约 90%），而热量低。牛心菜含有很丰富的钾、叶酸，而叶酸对巨幼细胞贫血和胎儿畸形有很好的预防作用。牛心菜的营养价值与大白菜相差无几，其中维生素 C 的含量还要高出 1 倍左右。此外，卷心菜富含叶酸，这是甘蓝类蔬菜的一个优点。牛心菜中含有丰富的维生素 C、维生素 E、β－胡萝卜素等，总的维生素含量比番茄多出 3 倍。除此以外，牛心菜内还含有维生素 U，维生素 U 是抗溃疡因子，并具有分解亚硝酸胺的作用。

滋补羊排锅

菜肴简介

　　此菜品常见于内蒙古东部区，是一道家喻户晓的农家菜。以大草原的羊排为主料，采用现代的调味品，再配上人参、红枣、栗子等大补药材，经小火加热制熟，营养丰富，家庭风味浓郁。

菜肴命名 根据风味和原料来定名

烹调方法 炖

菜肴原料 1．主料：羊排750克

2．配料：红枣、人参、栗子各10克

3．调料：盐5克、葱段10克、姜片8克、料酒5克、花椒5克、茴香2克

工艺流程 将羊排骨洗净剁成3厘米的段，焯水后捞出，放入砂锅内，加入高汤、盐、葱段、姜片、料酒、花椒、茴香、红枣、人参、栗子小火煮1小时至熟烂即成

菜肴特点 色泽美观、口味鲜咸、质感软烂、营养丰富

制作要求 1．羊排骨块要均匀

2．炖时要用小火

类似品种 滋补牛排、滋补牛肉、滋补鸡块等

营养分析

营养成分 羊排又称羊肋，即连着肋骨肉的部分，外覆一层层薄膜，肥瘦结合，质地松软，又可细分为羊肋排和羊脊排两种。适于扒、烧、焖和制馅等。羊排的营养价值在于含有丰富的蛋白质、钙、铁、维生素C，其含量较猪肉、牛肉高。羊排性温，冬季常吃羊肉（羊排），不但可以增加人体热量，抵御寒冷，而且还能增加消化酶、保护胃壁、修复胃粘膜、帮助脾胃消化，起到抗衰老的作用。

全家福

菜肴简介

全家福是利用多种原料制成的菜肴，行业上将6种原料以上的菜品称为什锦，有荤有素，营养丰富全面。全家福就用内蒙古当地的土特产原料，用现代化的调味品，经厨师们巧妙加工烹制而成的一道大菜。

菜肴命名 根据寓意及原料来定名

烹调方法 炖

菜肴原料 1. 主料：熟猪五花肉片 100 克、熟猪肉丸子 100 克、熟鸡块 1 克、熟土豆块 100 克、酸菜丝 100 克、冻豆腐片 100 克

2．配料：水发水晶粉 50 克、水发海带丝 50 克

3．调料：盐 10 克，葱花、姜末、蒜末各 10 克，料酒 10 克，酱油 14 克，酱豆腐 5 克，鸡粉 8 克，香油 3 克，料油 10 克

工艺流程 1．取大火锅一个，先放入酸菜丝、熟土豆块、海带丝、冻豆腐片，然后上面依次整齐地摆入熟猪五花肉、熟猪肉丸子、熟鸡块、水发水晶粉、水发海带丝、冻豆腐片

2．炒锅上火加入料油烧热，用葱、姜、蒜炝锅，烹料酒，再加入盐、鸡粉、酱豆腐炒香，加入高汤调好味，浇淋在火锅中点火烧开炖 10 分钟，淋入香油上桌即成

菜肴特点 配料齐全、色彩鲜色、原汁原味、鲜美可口、营养丰富

制作要求 1．掌握好加热时间

2．注意避免糊锅

类似品种 什锦火锅、素烧什锦、炒什锦等

 营养分析

营养成分 此菜原料种类较多，富含多种蛋白质、脂肪、维生素、矿物质等营养成分，是一道典型的 6 大营养素俱全的菜肴。菜肴不但色彩丰富、种类齐全，而且营养全面，菜肴里面的各种动物性原料和植物性原料经过长时间的炖制，互相吸收、互相溶味，极大地提高了此菜的营养价值。

烤野兔

菜肴简介

　　野兔是内蒙古的土特产野味原料，采用现代化的调味品和手法，本菜是将兔肉用调味品腌制入味后生烤的一道菜品，也是各大酒店、宾馆菜品的新亮点，增加了风味和特色，是创消的一道美味佳肴。

菜肴命名 根据烹调方法和原料来定名

烹调方法 烤

菜肴原料 1. 主料：野兔1500克

2. 配料：萝卜200克、芹菜200克

3．调料：盐20克、葱段20克、茴香10克、白糖3
克、八角5克、草果3克、白芷3克、老抽10克、料
酒17克、鸡粉10克、香油10克、酱油20克

工艺流程 1．将野兔去皮、内脏洗净，放入盆内，再加入用
盐、茴香、八角、白糖、料酒、草果、白芷、老
抽、酱油、鸡粉、高汤熬好的汁腌制40分钟

2．取烤盘一个，先放入芹菜、萝卜、葱段，然后
上面放上兔子，待烤箱180摄氏度时，放入烤箱烤
1.5小时至熟，取出刷上香油装盘即成

菜肴特点 色泽金红、口味鲜咸、质感脆嫩、风味独特

制作要求 1．掌握好烤箱的温度

2．保证腌制时间和烤制时间

类似品种 烤野鸡、烤野鸭、烤羊排等

 营养分析

营养成分 野兔肉不但营养丰富，而且是一种对人体十
分有益的药用补品，有"荤中之素"的说法。瘦肉占95%以上，
每百克含优质蛋白质21.6克，矿物质含量也多，钙含量丰富，
因而是孕妇、儿童的营养食品。野兔肉的胆固醇含量也低，
是心血管疾病患者及肥胖者理想的动物蛋白食品。野兔肉
素有"美容肉""保健肉"之称。

小米扣辽参

菜肴简介

　　小米扣辽参是利用内蒙古东部区赤峰小米和海参改革创新的一道汤菜，地方风味浓郁，原料独特，制作简便，适合各大宾馆、酒店。而且营养丰富，药用功效甚高。

菜肴命名　根据烹调方法和原料来定名

烹调方法　扣

菜肴原料　1．主料：水发小辽参10个，约400克

2．配料：小米20克、西兰花60克

3．调料：盐4克、葱姜汁30克、鸡

粉 3 克、料酒 15 克

工艺流程 1. 将辽参洗净焯水后放入盆内，加入盐、鸡粉、料酒、葱姜汁、高汤上笼蒸 40 分钟至入味。（也可放入锅内小火煨至入味）西兰花用手撕成 10 个小朵焯水

2. 砂锅上火加入清汤和小米烧开熬成粥，取 10 个炖盅，再将煨好的海参和西兰花每个盅内放一个，然后浇上小米粥即成

菜肴特点 色泽美观、口味鲜咸、质感软嫩、风味独特

制作要求 1. 加热时用小火

2. 掌握好加热时间

类似品种 小米扣羊肉、小米扣鸡片、小米扣鱼片等

 营养分析

营养成分 辽参除含有蛋白质、钙、钾、锌、铁、硒、锰等外，还含有其他活性成分如海参素、酸性粘多糖和海参皂苷等，另含 18 种氨基酸且不含胆固醇。其中酸性粘多糖是世界药物科学家目前研究开发的新一代防止动脉粥样硬化、修复陈旧性心肌梗塞最有效的物质，具有抗凝、降低血脂和降低血粘度及血浆粘度的作用，对脑血栓、心肌梗死恢复期和缺血性心脏病有显著的作用；海参素能抑制多种癌细胞的扩散，有提高人体免疫力和抗癌杀菌等作用。

大蒜牛仔粒

菜肴简介

　　大蒜牛仔粒是利用内蒙古东部区科尔沁黄牛肉改革创新的一道菜品，是将牛肉切成小粒，大蒜过油炸成金黄色，然后炒制而成，地方风味浓郁，原料独特，适合于各大宾馆、酒店。

菜肴命名　根据原料及形状来定名

烹调方法　炒

菜肴原料　1．主料：牛柳400克

　　　　　　2．配料：大蒜100克、红绿椒各20克、蛋清10克

3．调料：盐4克，葱丁、姜末各10克，鸡粉3克，
蚝油3克，黑椒汁3克，淀粉10克，色拉油1000克

工艺流程 1．将牛柳切成1厘米见方的丁，放入盆内加入蛋
清、淀粉、老抽搅均匀上浆，然后在五成热的油
中滑油断生捞出，红绿椒也切成1厘米见方的丁，
大蒜下入油中炸成金黄色捞出

2．炒锅上火加入底油烧热，放入葱、姜炝锅，
再放入红绿椒、牛柳丁、盐、鸡粉、蚝油、黑椒
汁、高汤，翻炒勾芡即成

菜肴特点 色泽美观、口味鲜咸、质感滑嫩、风味独特

制作要求 1．加热时用大火

2．缩短加热时间

类似品种 大蒜鸡粒、大蒜里脊粒、大蒜鱼粒等

 营养分析

营养成分 牛肉富含蛋白质，氨基酸组成比猪肉更接近
人体的需要，能提高机体的抗病能力。牛肉有补中益气、
滋养脾胃、强健筋骨、化痰息风、止渴止涎之功效，对生
长发育及术后、病后调养的人在补充失血、修复组织等方
面特别适宜。寒冬食牛肉可暖胃，是该季节
的补益佳品。黄牛肉能安中益气、健脾养胃、
强筋壮骨。

拔丝奶皮

菜肴简介

　　拔丝奶皮是一道蒙餐的代表品种，特点是甜香可口、奶香浓郁。将面粉、淀粉和泡打粉中加入水、色拉油，搅成脆皮糊；再将奶皮切成菱形块，逐个挂糊炸至金黄色；放入熬好的糖浆中翻裹均匀，出锅撒上芝麻即可。

菜肴命名　根据烹调方法和原料来定名

烹调方法　拔丝

菜肴原料　1．主料：奶皮250克

2．配料：面粉20克、淀粉30克、芝

麻3克

3．调料：白糖50克、色拉油1000克、泡打粉3克

工艺流程 1．将奶皮切成小棱形块。再将面粉、淀粉、泡打粉、水、色拉油放入盆内制成脆皮糊

2．炒锅上火加入色拉油烧热，再将奶皮块逐个挂上脆皮糊放入油中炸熟捞出。锅内留底油再放入白糖小火熬至淡黄色出丝时放入炸好的奶皮、芝麻翻裹均匀即成

菜肴特点 色泽金黄、口味香甜、质感酥脆、丝长不断

制作要求 1．加热时用小火

2．熬好糖浆

类似品种 拔丝苹果、拔丝土豆、拔丝葡萄等

营养分析

营养成分 奶皮富含蛋白质，能维持钾钠平衡、消除水肿、提高免疫力。含的钙是骨骼发育的基本原料，直接影响身高；含的磷具有构成骨骼和牙齿，促进成长及身体组织器官的修复，供给能量与活力的作用；富含铜，铜是人体健康不可缺少的微量营养素，对于血液、中枢神经和免疫系统，头发、皮肤和骨骼以及脑和肝、心等内脏的发育和功能有重要影响；富含脂肪，利于维持体温和保护内脏；可增加饱腹感。

葱油罗马生菜

菜肴简介

　　罗马生菜是近年引进内蒙古地区的新原料，将其焯水后加入调味品拌制而成本菜。风味浓郁、原料独特、制作简便，适合于各大宾馆、酒店。深受众多食者的好评。

菜肴命名　根据原料及特殊调味品来定名

烹调方法　拌

菜肴原料　1. 主料：罗马生菜 450 克

　　　　　　2. 配料：红椒丝 20 克

3. 调料：盐 3 克、鸡粉 8 克、色拉油 20 克、李锦记蒸鱼豉油汁 20 克、葱丝 30 克

工艺流程 1. 将罗马生菜去掉头尾洗净，焯水 1 分钟，捞出控净水放入盆内加入盐、鸡粉、李锦记蒸鱼豉油汁搅拌均匀，装入盘内，上面放上红椒丝、葱丝

2. 锅内放入色拉油烧至七成热，趁热浇淋在盘内的葱丝上即成

菜肴特点 色泽美观、口味鲜咸、质感脆嫩、风味独特

制作要求 1. 原料要洗净

2. 掌握好焯水的时间

3. 现拌现吃

类似品种 葱油白菜、葱油菠菜、葱油油菜等

 营养分析

　　营养成分 罗马生菜的食用部分含水分高达 94% 至 96%，故生食清脆爽口，特别鲜嫩。每 100 克食用部分还含蛋白质 1 至 1.4 克、碳水化合物 1.8 至 3.2 克、维生素 C10 至 15 毫克及一些矿物质。罗马生菜还含有莴苣素，具清热、消炎、助眠作用。

砂锅菜花

菜肴简介

砂锅菜花,是把五花肉、菜花用一种特殊器皿砂锅烧制而成的一道具有特殊风味的菜肴,成菜特点是浓而不腻、口感饱满、回味无穷。特别是现代的有机菜花营养更加丰富。

菜肴命名 主料加上特殊器皿

烹调方法 烧

菜肴原料 1．主料:有机菜花 450 克

2．配料:蒜苗 50 克、蒜子 10 克、五

花肉 60 克、小米椒片 4 片

3. 调料：酱油 2 克、蚝油 2 克、孜然面 1 克、盐 4 克

工艺流程 1. 将菜花改刀成瓣，蒜苗切菱形片，五花肉切片，蒜拍好待用

2. 锅内加入色拉油将菜花炸至断生捞出待用

3. 锅内留底油烧热放入五花肉煸炒，放入拍蒜、蒜苗、小米椒炝锅爆香后放入菜花，加调味料煸炒均匀，下入蒜苗翻炒均匀出锅即可

菜肴特点 口味咸鲜微辣、蚝油味浓郁、质地细嫩

制作要求 1. 炸制菜花时注意油温

2. 炝锅时一定要把蚝油的味道炝出来

类似品种 砂锅牛肉、砂锅西葫芦、砂锅冬瓜虾仁等

营养分析

营养成分 菜花的营养比一般蔬菜丰富。它含有蛋白质、脂肪、碳水化合物、食物纤维、维生素 A、维生素 B、维生素 C、维生素 E、维生素 P、维生素 U 和钙、磷、铁等。菜花质地细嫩，味甘鲜美，食后极易消化吸收，其嫩茎纤维烹炒后柔嫩可口，适合中老年人、小孩和脾胃虚弱、消化功能不强者食用。

生煸
牛肉土豆条

菜肴简介

　　生煸牛肉土豆条是将牛肉切条生炒入味上色再加入土豆条烹制而成的。是一种美味的佳肴。土豆含有丰富的钾元素，牛肉含有丰富的蛋白质，具有滋补的作用，是一道冬令佳肴，多食用可增强体质。

菜肴命名　主料加上辅料和烹调方法来命名

烹调方法　炒

菜肴原料

1. 主料：牛肉 380 克

2. 配料：土豆条 350 克、红椒段 5 克

3. 调料：小葱花 10 克、盐 3 克、醋 2 克、酱油 3 克、辣椒面 3 克、大料 1 克、

花椒 1 克、茴香 1 克

工艺流程　1. 将牛肉切条入水中氽水捞出，锅内加入猪大油 2 勺，放入大料、花椒、茴香炸出香味时捞出，土豆条蒸熟备用

2. 将氽好水的牛肉条放入炸香的油中煸炒至水分略干时下入葱、姜、蒜末炒香，烹入少许的醋、酱油，放入辣椒面，加入盐、适量的水，烧开后倒入高压锅内压制 10 分钟待用

3. 另起锅加入底油，倒出压制好的牛肉条和蒸熟的土豆条，改用小火炒至土豆软烂时出锅即可

菜肴特点　口味咸鲜微辣、质地软烂

制作要求　1. 压制牛肉时的时间

2. 煸炒牛肉条与土豆条时的火候

类似品种　牛肉冬瓜条、牛肉萝卜条、羊肉土豆条等

 营养分析

营养成分　牛肉含有丰富的蛋白质，氨基酸组成比猪肉更接近人体的需要，能提高机体抗病能力，对生长发育及手术后、病后调养的人在补充失血、修复组织等方面特别适宜。寒冬食牛肉，有暖胃作用，为寒冬补益佳品。中医认为，牛肉有补中益气、滋养脾胃、强健筋骨、化痰息风、止渴止涎的功效。适合中气下陷、气短体虚、筋骨酸软、贫血久病及面黄目眩之人食用。